本书出版承蒙以下项目资助：

中国科学院战略性先导科技专项（A 类）（XDA13020401）资助
(Supported by the Strategic Priority Research Program of the Chinese
Academy of Sciences(A), Grant No. XDA13020401)

教育部人文社会科学重点研究基地重大项目（18JJD790005）资助
(Supported by Major Project of the Key Research Base of Humanities and
Social Sciences of the Ministry of Education, Grant No. 18JJD790005)

珊瑚礁系统动力学

[荷] 亨利·A. 巴特莱特　著

王　耕　徐惠民　郭　皓　译

海洋出版社

2021 年·北京

图书在版编目(CIP)数据

珊瑚礁系统动力学 / (荷) 亨利·A. 巴特莱特 (Henry A Bartelet) 著；
王耕，徐惠民，郭皓译. — 北京：海洋出版社，2021. 1
书名原文：CORAL REEF DYNAMICS
ISBN 978-7-5210-0675-9

Ⅰ. ①珊⋯　Ⅱ. ①亨⋯ ②王⋯ ③徐⋯ ④郭⋯　Ⅲ. ①珊瑚礁–系统
动力学　Ⅳ. ①P737. 2

中国版本图书馆 CIP 数据核字(2020)第 220131 号

版权合同登记号　图字：01-2021-2499

责任编辑：苏　勤
责任印制：安　森

海洋出版社 出版发行

http://www.oceanpress.com.cn
北京市海淀区大慧寺路 8 号　邮编：100081
北京朝阳印刷厂有限责任公司印刷　新华书店北京发行所经销
2021 年 1 月第 1 版　2021 年 1 月第 1 次印刷
开本：787 mm×1092 mm　1/16　印张：9
字数：190 千字　定价：198.00 元
发行部：62100090　邮购部：62100072
总编室：62100034
海洋版图书印、装错误可随时退换

《珊瑚礁系统动力学》
编译组名单

顾　　问：丁德文

译　　者：王　耕　徐惠民　郭　皓

翻译组员：温　泉　索安宁　张振冬　杨正先

　　　　　林　勇　邵魁双　高　猛　张安国

　　　　　孙永光　丁　丽　董　瑞　徐超璇

　　　　　杨　钰　周腾禹　常　畅　刘一江

　　　　　于小茜　石永辉　关晓曦　张挥航

　　　　　王希哲　蔡旺红　刘　悦　王佳雯

　　　　　畅天宇

序

海洋生态安全对于保障海洋的可持续发展意义重大，珊瑚礁生态系统是海洋生态系统的重要组成部分，由于国内对珊瑚礁生态系统的研究起步较晚，尚处于探索阶段，有关珊瑚礁生态系统演变与海洋地缘环境的相关研究尚不多见，尤其是珊瑚礁生态系统动力学过程的研究必要且紧迫。

辽宁师范大学地理科学学院王耕教授是辽宁师范大学科研学术骨干，多年来主要从事环境安全与生态模型的研究，主持并参与国家、省市各类科研项目 30 余项，出版学术专著 3 部，国内外专业核心期刊发表学术论文百余篇，在区域生态环境与海洋生态安全方面取得了丰硕的研究成果。王耕团队近年来跟随丁德文院士参加中国科学院战略性先导科技专项，为深入探究珊瑚礁生态系统演变机制，王耕团队在阅读大量外文书籍与文献的过程中，发现由亨利·A. 巴特莱特著，DynaMundo 出版的《CORAL REEF DYNAMICS》一书，通过分析在自然和人为作用下珊瑚礁生长与消亡过程，构建珊瑚礁动力学模型，以助力于现存的珊瑚礁保护项目的实施。王耕团队与国家海洋环境监测中心的专家们共同学习与交流，在掌握珊瑚礁生态系统最新研究动态前提下，认为此书珊瑚礁生长过程的动力学研究可为我国珊瑚礁人工修复研究提供参考与借鉴，于是决定将此书翻译成中文。2018 年 8 月暑假期间王耕组建自己的研究团队，通过大量外文专业知识的学习与培训，秉承实事求是、科学严谨、尊重原书的原则，克服种种语言障碍、文化障碍、专有名词的翻译困难，历经两年的坚持不懈，最后通过海洋出版社进行国际出版衔接，才将本译著出版。

　　王耕团队的优秀译员们切合中文语体、语域准确翻译完成《珊瑚礁系统动力学》，倾注了译者们长期以来对科研工作的热情，其中译著中珊瑚礁在自然与人为干扰下的影响动力过程对于我国珊瑚礁生态系统修复诊断以及适应性管理研究具有重要的借鉴意义。希望本译著能够给珊瑚礁生态安全研究提供新思路，促进我国海洋地理学与海洋生态学科的发展，为共同维护好海洋地缘生态环境做出贡献。

　　是为序。

2020 年 12 月 6 日

译 者 序

　　《珊瑚礁系统动力学》是一部从系统科学角度描述珊瑚礁生态系统的书籍，也是一部体现珊瑚礁生态系统修复的著作。本书在翻译过程中力求突出以下特点：

　　1. 实事求是，尊重原书的内容意旨。

　　2. 遵从译语习惯，切合语体语域。

　　本书由5个章节组成，主要介绍了珊瑚礁系统动力学。第1章为总论部分，分别从珊瑚组织生物学、珊瑚礁鱼类和藻类等多方面详细论述了珊瑚礁的组成和结构等；第2章为菲律宾海域珊瑚礁退化的主要因素；第3章从不同角度论述了菲律宾珊瑚项目失败的主要原因；第4章从污水处理、可持续性浮标、泥沙减少和海洋保护区4个方面介绍珊瑚礁复原方法；第5章为实施部分，从不同角度明确了珊瑚礁修复的几种途径。本书每一章后都涉及相关内容的仿真结果与因果循环图。

　　本书诚邀中国工程院院士、自然资源部第一海洋研究所名誉所长丁德文先生为顾问，总体安排工作。以辽宁师范大学地理科学学院为主要翻译单位，同时邀请了北部湾大学和国家海洋环境监测中心部分老师参与，翻译分工如下：辽宁师范大学地理科学学院王耕翻译第1章、第2章、第3章；北部湾大学海洋学院徐惠民翻译第4章；国家海洋环境监测中心郭皓翻译第5章。翻译小组成员还有董瑞（全部图和附录翻译与修改）、徐超璇（第2章第2.1节、第2.2节，附录A模型测试，附录G模型方程）、杨钰（第2章第2.3节、第2.4节，第3章）、常畅（第1章、附录A模型测试）、石永辉（第4章）、刘一江（第5章）、于小茜（附录G模型方程）、周腾禹（致谢、目录、政策制定者总结、图2-20至图2-30、图4-11至图4-19、附录D）、关晓曦（政策制定者总结2~4、图1-1至图1-10、附录E）、张挥航（政策制定者总结5~6、图1-11至图2-8）、王希哲（原著序言、图2-9至图2-19、附录F）、蔡旺红（图 2-31 至图 3-1，附录 C），畅天宇（图 3-2 至图3-12），王佳雯（图 3-13 至图4-10），刘悦（附图 A-1 至附图 A-8，附录 B，附表 A-1，附表 A-2）。国家海洋环境监测中心的专家完成了翻译工作的修改与校对工作：温泉（第 4 章修改与校对），索安宁（第 5 章修改与校对），林勇（第 3 章修改与校对），邵魁双（第 3 章修改与校对），张振冬（第 2 章修改与校对），杨正先（第 1 章修改与校对），高猛（第 5 章修改与校对），张安国（第 3 章修改与校对），孙永光（第 2 章修改与校对），丁丽（第 1 章修改与校对）。

本书在编译过程中，得到了中国科学院南海海洋研究所、国家海洋环境监测中心、北部湾大学海洋学院等有关专家学者和海洋出版社的大力支持，他们为本书的译稿修改与编辑做出了重要贡献，特此对各位同仁表示衷心的感谢。

由于译者水平有限，文中用词难免存在不恰当和纰漏之处，恳请读者批评指正！

王　耕

2020 年 6 月 21 日

原著序言

　　这本书是为所有包括研究人员、政策制定者和公众在内的对珊瑚礁有兴趣的人准备的。本书着重讲述了为什么我们的珊瑚礁正在消失，以及我们如何保护它们并使其继续存在。其目的在于使现在和未来世界各地的珊瑚礁管理保护项目可以更加有效地进行。

　　珊瑚礁系统动力学是一种通过分析不同生态过程和人为过程之间的相互关系，了解珊瑚礁生长和消亡的方法。它首先让人们去了解为什么生态系统中有些东西正在退化，这时，大家就要先去弄明白它为什么会生长，以及影响它生长的重要因素都有什么？通过这种方式，就可以清楚了解与珊瑚礁有关的直接和间接影响了。

　　为了更好地理解珊瑚礁系统动力学，本书中使用了一个模型来帮助大家更好地了解珊瑚礁生态系统中发生的种种事件及其影响。这个模型将有助于我们架起人类对珊瑚礁的多种影响和其相互作用途径之间的一座桥梁；它还可以让我们通过相应的模拟仿真来了解现存及新的珊瑚礁管理保护项目的有效性。

致　谢

　　本书的工作是从作者撰写的作为欧洲系统动力学硕士课程的硕士论文的一部分开始的。监督由卑尔根大学等进行。我感谢所有为本书内容做出贡献的人，包括菲律宾的科学家，政策制定者和当地社区。

亨利·A.巴特莱特

2017 年 1 月

目　录

政策制定者总结

为了扭转菲律宾珊瑚礁的迅速退化情况，有必要更好地了解推动珊瑚礁生长的自然进程，以及这些进程如何受到人类发展的影响。要了解珊瑚礁的自然生长，有两个主要因素应该强调：

（1）珊瑚礁需要被活珊瑚虫占据以维持自身生长；

（2）从人类的视角来看，珊瑚虫的聚集形成珊瑚礁的过程是非常缓慢的。

在自然环境中，珊瑚礁将能够产生活珊瑚组织和维持珊瑚礁基底的稳定增长。这种增长主要由三个增强反馈回路驱动：

（1）越来越大的珊瑚礁由珊瑚礁珊瑚虫排出体外，从而为新珊瑚的生长带来更多空间；

（2）高比例的鹦嘴鱼从珊瑚礁中吞噬大型藻类并导致珊瑚虫的加速增长。活珊瑚覆盖物和珊瑚礁导致鹦嘴鱼的生长速度更快；

（3）大量的鲷鱼，它们吃着长棘海星（COTS）的幼虫，因此可能迅速导致活珊瑚覆盖物丧失。活珊瑚覆盖物和珊瑚礁导致鲷鱼的生长速度更快。

当当地人口开始在珊瑚礁周围定居时，他们与三个正反馈环路相互作用。越来越多的人口产生越来越多的污水，这些污水被置于珊瑚礁周围的海洋中。这种含有无机氮的污水正在影响珊瑚礁的自然生长速度。大型藻类和COTS都在富氮环境中茁壮成长。当地居民也对珊瑚礁上的鱼类产生影响，因为他们的生计主要由捕鱼维持。由于捕鱼减少了鹦嘴鱼和鲷鱼的数量，大型藻类和COTS种群面临的放牧压力并不严重。因此，随着时间的推移，增加氮含量和减少鱼类资源的组合可能会导致上述三个加强反馈环路的逆转。

（1）随着大型藻类的主导地位越来越大，维持珊瑚礁所需的活珊瑚覆盖量将会减少，这可能导致珊瑚礁腐烂；

（2）随着活珊瑚覆盖物和珊瑚礁基质水平的降低，鹦嘴鱼和鲷鱼的生长速度都将下降。随着鹦嘴鱼和鲷鱼的种群减少，大型藻类和COTS将能够更快地生长，从而导致珊瑚礁珊瑚虫的优势度更低；

（3）正反馈驱动珊瑚礁系统的见解对珊瑚礁的可持续性具有重要影响。当正反馈环向其方向反转时，它们倾向于向唯一稳定的平衡移动：珊瑚礁和活珊瑚覆盖物的灭绝。然而，当珊瑚礁周围只有很少的人口时，灭绝的道路可能需要很长时间。珊瑚礁基质甚至可能在一段时间内生长得更快，因为鹦嘴鱼也会在礁石基质上觅食。然而，从长远来看，较少的鹦嘴鱼将导致更多的藻类优势，从而最终降解珊瑚礁。

菲律宾的许多珊瑚礁上，当地人口正在随着旅游业的发展而增长。捕鱼压力随着越来越多的渔民从事旅游业而减少。然而降低鱼类种群的压力并没有达到扭转珊瑚礁退化的预期效果。旅游业的增长，实际上会对珊瑚礁造成更大的负面影响，这些影响包括污水排放的增加、土地开发造成的沉降、船只停泊和游客的直接破坏。此外，旅游业的增长还会引发由劳动力迁入导致当地人口的增加，这将加大当地居民对珊瑚礁的压力。

因此，随着当地人口的增长，推动珊瑚礁生长的反馈环路可能已经朝着珊瑚礁衰退的方向逆转。与这一趋势相辅相成的是旅游业带来的巨大压力，这意味着珊瑚礁是高度不可持续的，甚至可能会迅速灭绝。这实际上是目前在菲律宾和全世界许多珊瑚礁所在地区的当前趋势。

要扭转珊瑚礁的迅速退化，最重要的是要扭转使珊瑚礁走向灭绝的不断加强的反馈环路。然而，在菲律宾大多数珊瑚项目并不是直接从根本上解决珊瑚礁退化的问题。相反，目前的项目侧重于通过直接干预珊瑚礁系统来处理问题的症状，例如通过重新移植珊瑚礁和再清除长棘海星。此外，像保护海洋环境这样的有效政策也往往没有得到有效管制和当地参与。

综上，可以得出这样的结论：目前针对问题症状的干预措施并不能扭转珊瑚迅速退化的趋势，我们需要的是那些致力于恢复珊瑚礁自身生长环境的项目程序。这些程序不应该干预自然系统，而应该干预人类系统。已提出的高层次珊瑚项目包括：污水处理、可持续性浮标和玻璃天花板旅游船、径流泥沙措施和海洋保护区，并辅以当地执法，以一种完整的方式实施这些计划可能导致人类发展与环境退化脱节。由于这些项目恢复了促进珊瑚礁生长的自然环境，实施这些项目会导致未来对新干预措施的需求略有下降。

对于尚未开始发展旅游业的珊瑚礁目的地，有人提出另一种可以使旅游业的发展对当地居民更具包容性的发展模式：寄宿家庭经济。在这种发展模式下，旅游业的大部分收入将留在当地居民的手中，而不是落入投资者手中。

为贯彻上述政策，必须要完善旅游税收制度。建议通过提高系统的透明度、便捷性和有效性来改进该系统。当这些条件得到满足时，建议提高旅游税来帮助尽快启动必要的珊瑚计划。最恰当的办法是旅游税所获得的收入必须得到国家或国际机构的财政援助。

方　向

这本书描述了珊瑚礁的生长过程，珊瑚礁是由珊瑚生物群落（珊瑚虫）聚集的石灰石保护结构形成的。这些群体作为一个单一的有机体，生活在热带水域，通常接近地表并生长了成百上千年（国家地理，2015）。珊瑚礁结构可能覆盖许多平方千米，"为数千种物种提供栖息地——其中许多物种是珊瑚礁生态系统特有的"（Wood，1999，第3页）。在有利的条件下，珊瑚生态系统内的共生关系"偶然地创造了整个珊瑚群岛（也许最终是大陆），它具有珊瑚有机体本身无法想象的美丽和意义"（Murchie，1999，第510页）。这些著名的珊瑚礁包括"大堡礁"（澳大利亚）、"图巴塔哈礁"（菲律宾）和"南阿里环礁"（马尔代夫）。

但是，在过去的几十年里，许多珊瑚礁与人类的发展越来越紧密地交织在一起。这就导致了在世界上许多不同的地方，珊瑚的生长已经让位于珊瑚的腐烂。更令人担忧的是，随着时间的推移，珊瑚礁的形成变得非常缓慢，而珊瑚礁的退化速度却非常惊人（Szmant，2002）。研究人员一致认为，珊瑚礁的退化是由当地尺度的人为因素和区域尺度的气候过程的复杂组合造成的（Buddemeier，Kleypas，Aronson，2004；Nystrom，Folke，Moberg，2000；联合国环境规划署，2006）。本书认为，生态系统的局部影响会导致生态系统应对区域性气候压力（如海洋变暖和酸化）的弹性减弱。因此，靠近人类栖息地的珊瑚礁结构要比远处类似的珊瑚礁结构承受更大的压力。

珊瑚礁是最多样化的生态系统之一，通常被称为"海洋雨林"（Szmant，2002）。在生态系统服务方面，珊瑚礁是最重要的。生态系统服务是人类从生态系统中获得的利益。据估计，全世界每年从珊瑚礁获得的收益价值近300亿美元，主要来自旅游业、渔业和海岸保护（Cesar，Burke，Pet-soede，2003）。如果要维持这些生态系统服务的连续性，那么造成珊瑚礁迅速退化的社会生态过程就不能在目前的进程中继续下去。但是生态过程与人类活动之间的相互作用是如此的复杂，仅仅凭直觉是不足以做出防止珊瑚退化的决策。

这本书运用系统动力学原理检视了珊瑚礁系统的生命周期。自1956年以来，其创始人福雷斯特在麻省理工学院对工业和城市系统的复杂行为的研究中也应用了此原理。

本书描述了一个假想珊瑚礁的虚拟模型，重点在于解释珊瑚礁生长背后的驱动力。

因此，该模型的主要目标是增加对珊瑚礁系统中主要变量和关系的理解。根据定义，该模型是对现实的简化，将排除许多在特定的珊瑚礁位置上可能非常重要的因素。本书基于大量关于珊瑚礁的文献，以及作者本人对菲律宾珊瑚礁环境研究的见解，以正式的模型形式提出了相关理论。主要重点是确定那些对珊瑚生长、衰退和恢复负有特殊责任的社会-生态过程。根据研究地点作为旅游目的地的重要性，对研究地点进行了选择。研究区域的位置如图所示。

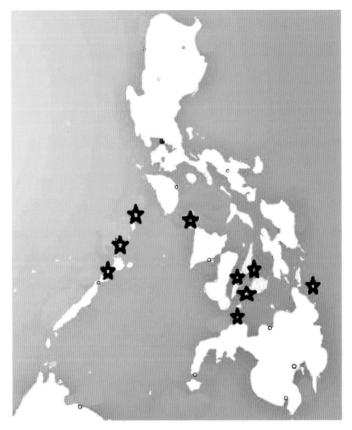

图　菲律宾研究地点（从左至右：巴顿港、埃尔尼多港、科伦港、长滩岛、阿波岛、莫阿尔博阿尔岛、邦劳岛、宿务岛、锡亚高岛）

这本书以及书中提出的模型，可以作为进一步了解动态珊瑚礁增长的工具。因此，它可以用来评价拟议的沿海资源管理政策可能产生的长期影响。该模型的主要目标受众是地方政府层面，后者通常负责沿海资源的管理。然而，该模型并不适用于每个珊瑚礁系统的蓝图。若要直接使用该模型进行决策，则应根据特定珊瑚礁位置的个别特征加以修订和校正。

背　景

这项关于珊瑚动态研究的开展主要是因为人们越来越意识到社会生态系统的复杂性和重要性（Walker & Salt，2012a，2012b）。这种复杂的系统通常是违反直觉的，这意味着为改进系统而做出的决策往往是无效的，并导致意想不到的后果，这实际上使问题变得更糟而不是更好（Forrester，1969）。"即使是那些真心关注的人也很难理解由于长时间的延迟、反馈、非线性和复杂系统的其他特征所造成的行动的迫切性"（Sterman，2012，第55页）。

在成功了解工业和城市环境中的复杂系统后，系统动力学现已成功应用于环境系统研究（Ford，2009；D. Meadows，Randers，Meadows，2004；UNEP，2011）。

系统动力学（SD）通过分析导致某些观察到的行为的系统的基础结构，促进对事情发生原因的理解（Sterman，2000）。与传统的回归方法相比，SD方法不太关注预测未来系统变量的精确数值，而是更多地关注系统的一般动态趋势，无论系统整体是否稳定、振荡、增长、衰退或平衡（DH Meadows，1980）。这种方法非常适合珊瑚生态系统的高度复杂性，因为其中任何精确的预测都是无法实现的。

在许多地区，珊瑚礁数量似乎呈指数下降。珊瑚礁覆盖率下降速度的增长可能是由于正反馈过程引起的。这种正反馈过程解释了系统状态（珊瑚礁覆盖）如何加强其自身的变化率（增长/下降），并已在许多生物系统中得到确认（Richardson，1999）。未能理解这样的反馈过程可能是当前珊瑚管理项目失败的潜在原因。当反馈没有逆转时，可能存在珊瑚礁覆盖率不断下降直至完全恶化的危险。因此，非针对导致珊瑚礁迅速衰退的基本反馈的政策可能在短期内提供虚假的安全感，而从长远来看则具有反效果。

模型范围

在世界范围内，珊瑚礁受到人类发展的直接和间接影响。人为引起的气候变化对珊瑚礁生态系统至少有四个主要影响（Birkeland，1997；Sheppard，Davy，Pilling，2009）。最典型的影响是海水温度的上升，导致珊瑚礁白化；其次是由大气中二氧化碳吸收增加引起的海洋酸化正在影响珊瑚钙化过程；再次是冰川融化和水的热膨胀导致海平面上升，由于缺乏用于光合作用的阳光，珊瑚礁可能无法跟上海水上升的速度并失去其生长能力；最后是热带气旋、飓风和台风的发生频率和强度增加。这些自然灾害会严重影响珊瑚礁，它们的频率增加可能会限制珊瑚礁的恢复能力。预计未来几年气候变化将对世界各地的珊瑚礁构成更大的威胁。

尽管人类活动引起的气候变化的影响已得到广泛认可，但也有证据表明，珊瑚礁的退化通常被"错误地"归咎于气候变化(Jackson，Donovan，Cramer，Lam，2014)。通过这种方式，气候变化可能被政策制定者用为一个简单借口，他们不愿承认其直接影响和当地人类活动对珊瑚礁的影响，而该影响往往是他们自己的责任。在菲律宾的几个地方，在局地压力减少之后，海洋温度仍在上升的同时，退化的珊瑚礁能够再次生长。因此，气候变化的影响可能不是珊瑚礁迅速退化的驱动力。

这种模型将从珊瑚礁抵御气候变化的影响的能力及其恢复能力的假设开始，它需要一个能够提供有效珊瑚礁生长的当地环境。因此，该模型旨在确定决策者掌握的创造这种环境的因素，从而该模型不包括明确提及气候变化对珊瑚礁生长的影响。因此，即使没有气候变化的影响，该模型也可以提高人们对珊瑚礁如何迅速退化的认识。

第 1 章　对于珊瑚礁生长的理解

本章将以文学评论的方式对珊瑚礁的自然生长过程进行阐述。本章将聚焦于识别那些自然环境条件下对珊瑚礁生长至关重要的生态成分。

1.1　未受干扰珊瑚礁的自然生长

本章介绍珊瑚组织的海洋生物学，它解释了珊瑚有机体是如何长成珊瑚礁结构（碳酸钙骨骼）以及这些结构如何影响珊瑚生长的过程。它也将描述珊瑚生长过程中沉积的过程，藻类生长和鱼类的生长相互作用，在没有人类干扰条件下在珊瑚礁上模拟珊瑚的生长。正如本书中所呈现的那样这一章在最后将解释在所有模型开始前，一种未经破坏过的珊瑚礁的生长是如何适应当前的常态的。

1.1.1　珊瑚组织生物学

在更深入地解释珊瑚生长生物学之前，会阐述珊瑚礁与珊瑚有机体（珊瑚息肉）之间的区别，这对制作模型至关重要。本章侧重解释珊瑚息肉生长的驱动力，而下一章将解释珊瑚是如何随着时间的推移变成碳酸盐礁石的。

本质上说，珊瑚息肉是地球上所有最高级动物祖先的常见近亲，如水母（Murchie，1999，第 99 页）像采集狩猎时期的人类依靠农业在此定居并以土地为生一样，珊瑚息肉由游荡的水母阶段，到建立一个能够附着并提供资源维持生命的环境。那些原始的水母通常附着在靠近岛屿或大陆的岩层或其他硬质基底上。有一种进化过程可以使附着生物演化成大量有着不同特点的珊瑚物种，如不同的触角数量或不同的繁殖方式。图 1-1 是珊瑚息肉生长过程的系统动力学模型。本章的余下部分会说明这个模型以及有关它的设想。

礁石上有许多不同种类的珊瑚息肉，在这个模型中，所有那些不同类型的珊瑚聚集在两个主要层次的变量（种群）上。第一层次变量是珊瑚幼虫，是指刚刚附着在珊瑚基底上的珊瑚息肉；第二层次是包含已经长成并发育成熟的种群，包含已经长成并发育成熟，完全附着在礁石上的珊瑚息肉。种群的价值以公顷（hm^2）为单位来衡量。这个模型假设在模拟的初始阶段即 1970 年，有 200 hm^2 的珊瑚幼虫和 250 hm^2 的健全珊瑚。

珊瑚种群通过新珊瑚的加入而壮大。自建立珊瑚组织生物学模型以来还没有发现一种珊瑚息肉生长的限制因素，珊瑚的纳新率等同于每年潜在的新幼虫率。珊瑚息肉可有性繁殖，也可无性繁殖。大部分珊瑚物种是通过产卵来进行繁殖的，当珊瑚产卵时，在水中释放卵子和精子，当它们找到地方附着时，其中的一些已经受精（Sheppard et al.，2009；Viles，Spencer，1995）。"珊瑚产卵频率"解释了成熟的珊瑚种群每年的产卵次数。产卵次数为 1，表明这个种群每年产卵 1 次。尽管珊瑚种群通常每年产卵 1 次，但它们主要是通过大量产卵事件来完成繁殖的，假设同步繁殖效应每年发生 1 次（Glud，Eyre，Patten，2008；Harrison，2011）。"珊瑚产卵效率"表示珊瑚种群的繁殖成功率，效率为 1，意味着珊瑚种群中，每次产卵事件的繁殖量都能维持种群现有的数量。在这个模型中，假设产卵效率为 0.5。

珊瑚幼虫必须与其他生物竞争才能得到并维持它们在礁石上的领地，并继续进行它们的成熟过程。一些幼虫并不能在这场竞争中幸免（Wood，1999）。那些幸免的珊瑚幼虫一直生长直到它们达到性成熟成为成熟的珊瑚。珊瑚死亡率被认为是成熟珊瑚达到它们平均寿命而死亡。有些珊瑚息肉能比平均寿命(3 年)活得更久，但有些则很早死去。

图 1-1 展示了一种重要的正反馈反馈循环，在这个循环中，成熟珊瑚数量的增加将导致潜在的珊瑚幼虫产卵事件的增加进而导致更多的珊瑚幼虫成长为成熟珊瑚。如果珊瑚幼虫没有任何限制，那么反馈循环中珊瑚种群的数量将迅速增长。更进一步说，有三个次要的平衡反馈循环，它们建立了珊瑚幼虫和成熟珊瑚的局部控制。随着珊瑚幼虫数量的增长，死亡的珊瑚幼虫和长成为成熟珊瑚的数量的增加，会缩小珊瑚幼虫

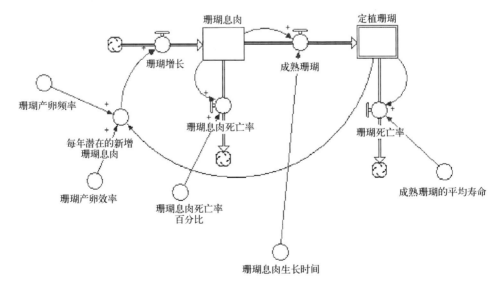

图 1-1 珊瑚组织生物学模型

群的规模。同样，当成熟珊瑚的数量和死亡数量同时增加时，成熟珊瑚的数量会减少。

1.1.2　珊瑚礁构造

虽然最初的珊瑚息肉会附着在合适的礁石构造上，但它们下一阶段的生长将基于其排泄碳酸盐的能力，新的珊瑚息肉可以在碳酸岩基底上定居。哪里的原始的自耕农为提高产量用珊瑚的排泄物来增加土地肥力，哪里的固着珊瑚就能建造保护结构来保护自己和排泄物（Murchie，1999）。碳酸钙分泌物产生的珊瑚礁以不断累积的方式增长，随着时间的推移而形成大量珊瑚礁构造（Mann，1982；Sheppard et al.，2009；Viles，Spencer，1995）。图 1-2 展示了成熟的珊瑚息肉建造自己的珊瑚基底来为新的珊瑚幼虫提供栖息地的过程。

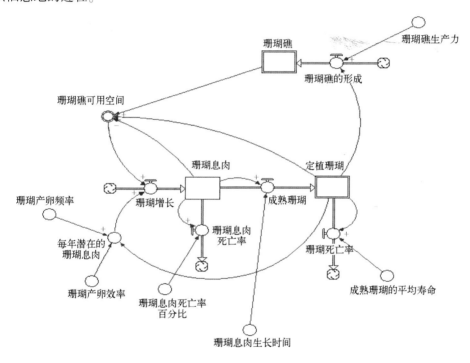

图 1-2　珊瑚礁基底碳的形成

尽管有与活珊瑚组织相似的各种各样的硬珊瑚礁结构，而这个模型将它们合并成为一种珊瑚礁。珊瑚礁生长规模用"珊瑚礁结构"来衡量。然而，若依人类的尺度衡量，这个造礁过程十分缓慢。在好的条件下（水质清澈且碳含量充足），珊瑚礁（圆珊瑚）每天能长 1~2 cm。在这个模型中，假设 1 hm² 的成熟珊瑚每年能产生 0.01 hm² 珊瑚礁，这意味着成熟珊瑚需要花费 100 年来建造和它们同等规模的珊瑚礁（假设没有珊瑚礁的衰退），这可能还是状态比较好的珊瑚礁构造。

礁石上可用的珊瑚补充空间取决于珊瑚礁总面积减去已经被珊瑚礁幼虫和珊瑚息肉占据的部分。由于不断壮大的珊瑚种群会产生更多的珊瑚礁结构，这将给珊瑚幼虫提供更多的生存空间，这个坚固的循环是闭合的。然而，由于珊瑚礁形成的过程缓慢，这种坚固的循环不会让珊瑚礁和占据它的珊瑚息肉快速生长。正如书后所讨论的，珊瑚礁的缓慢生长速率是它目前无法可持续发展的一个关键因素。两个平衡反馈循环导致了珊瑚幼虫和成熟珊瑚在礁石上成规模地生长时可利用空间的减少。

1.1.3 碳酸盐沉积

珊瑚礁由于人类或自然的原因而随着时间的推移而衰退，假设珊瑚礁基底会在500年后自然衰退。本章中，更多的珊瑚礁衰退的支配性因素被忽略(鹦嘴鱼的抓伤和人类活动的破坏)。图1-3展示了系统动力学模型中珊瑚礁自然衰退成为沉积物的过程。沉积能使水体浑浊，并覆盖珊瑚息肉和礁石(Sheppard et al.，2009；Talbot，Wilkinson，2001)。沉积物以公顷(hm^2)为单位来计量，也就是沉积物的面积越大，意味着被覆盖的珊瑚礁面积越大。沉积是由于珊瑚礁的自然衰退而导致，然而少量的沉积可能不会对珊瑚礁的生长率产生影响。当有其他沉积来源时，比如鹦嘴鱼的抓伤和船锚的破坏，沉积物可能会对珊瑚礁的生长率产生消极影响。

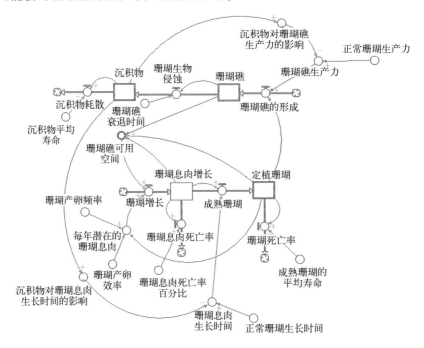

图1-3　珊瑚礁的衰退与沉积对生长率的影响

珊瑚水域中的云状沉积会限制阳光对于珊瑚礁的有效性，是决定珊瑚礁钙化生产力的一个最重要因素。珊瑚礁根本不会生长在有大量沉积的地方，如主要河流的入海口处（Birkeland，1997；Rogers，1990；Talbot，Wilkinson，2001；Wood，1999）。沉积对于珊瑚礁生产力的作用被假定为线性的。礁石上沉积以两种方式影响着活珊瑚的自然生长率（Rogers，1990；Sheppard et al.，2009）：

（1）浑浊度的增加会降低珊瑚幼虫生长所需光线的有效性；

（2）幼虫须花费额外的能量来对抗沉积，这部分能量则不会用作珊瑚的生长。

由于礁石的深度和洋流等特性可能会有较大差异，假设沉积能维持在珊瑚礁水域上方平均 3 个月的时间，直到消散在海洋中。这也取决于礁石与沉积的距离和沉积的类型，沉积的时间短则一下午，长则一年。

1.1.4　与大型藻类争夺空间

前几章中假设珊瑚礁的有效空间上只有活珊瑚组织，事实上活珊瑚面临着来自其他生物的竞争，主要是大型藻类。在这个模型中，假设珊瑚和藻类争夺礁石上的空间，并不争夺珊瑚礁上充足的养料。更进一步说，没有直接的证据表明藻类的生长会直接影响珊瑚的死亡率（Birrell，Mccook，Willis，Diaz-pulido，2008；Mc Cook，Jompa，Diaz-Pulido，2001；Sheppard et al.，2009；Viles，Spencer，1995；Wood，1999）。图 1-4 展示了珊瑚息肉和大型藻类对空间的争夺。

图 1-5 揭示了藻类的生物学生长过程与活珊瑚组织极为相似。藻类种群通过产卵而壮大（正反馈循环反馈），但珊瑚礁上的有限空间会由于新珊瑚幼虫的加入而被限制。藻类分很多种，全球有 2000～3000 种。在这个模型中，用"*Sargassum Siliquosum*"来代表藻类物种，这是一种生活在热带珊瑚礁上的大型多肉藻类（De Wreede，R. E. Klinger，1990，第 272 页；Diaz-Pulido，G.，Mc Cook，2008，第 5 页）。

在自然环境条件下，珊瑚息肉比大型藻类在竞争中更有优势。假设珊瑚息肉成熟的时间是 3 个月，那么藻类就是 18 个月。然而，当环境条件改变时，藻类的生长率会提高。珊瑚礁周围海水中氮含量的增加（伴随着其他营养盐类如磷酸盐）会提高海洋植物如藻类的生长率，因此它们在低氮环境中生长缓慢（Mann，1982；Mc Cook et al.，2001；Sheppard et al.，2009；Talbot，Wilkinson，2001；Wood，1999）。溶解的无机氮是珊瑚礁海域中硝酸盐、亚硝酸盐和氨含量的结合。这是一个重要的变量，它影响着珊瑚礁上不同物种的生长过程。相对于珊瑚物种高营养盐海水更适合大型藻类生长（Talbot，Wilkinson，2001）。在没有重大的人为输入营养盐的珊瑚礁中，无机氮的平均溶解量小于 0.4 μmol/L（Lapointe，1997）。

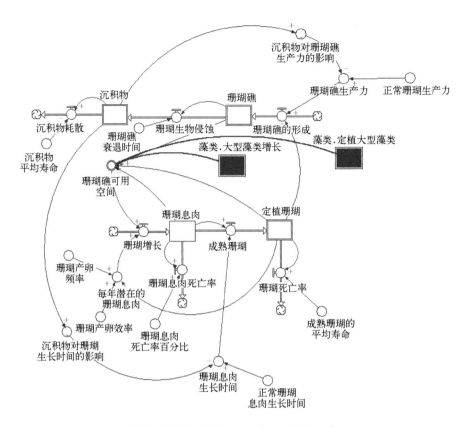

图 1-4　活珊瑚组织和大型藻类对空间的争夺

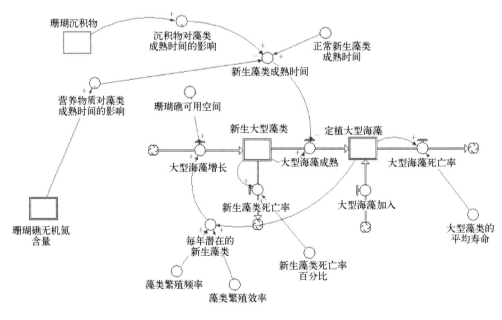

图 1-5　大型藻类生物学模型

更进一步说，假设珊瑚幼虫的死亡率为 50%，那么大型珊瑚幼苗的死亡率就是 80%（De Wreede，R. E. Klinger，1990，第 272-273 页）。假设大型藻类和珊瑚息肉的平均寿命均为 3 年。大型藻类以流入的形式入侵说明了藻类以水流的方式从外面进入珊瑚礁。模型中，这种流是一种很重要的功能，如果没有它，藻类一旦灭绝，将不会再有藻类长出。

1.1.5　珊瑚礁鱼类

珊瑚礁的一项非常重要的功能，就是维持鱼类的生物多样性。所有的这些不同的物种以各种各样的方式与珊瑚礁互动。本章中一些有关珊瑚礁健康的关键鱼类已经被认定，下一部分会说明它们在珊瑚礁中扮演的角色。

1.1.5.1　食草性动物

有两种主要珊瑚礁物种在珊瑚礁上以大型藻类为食——鹦嘴鱼和海胆，本章模型中只模拟了鹦嘴鱼。附录中的边界充分性测试章节会说明模型中不加入海胆的原因（查阅参考文献部分）。鹦嘴鱼用它们的嘴和坚硬的牙齿抓碎珊瑚礁基底来寻找食物源，主要是藻类和其他植物、菌类（Nattonal Geographic，2016；Sheppard et al.，2009，P. Ch. 6.3，34）。鹦嘴鱼以藻类为食，它们能消化无机碳酸钙，在它们排泄之前它们的胃能容纳 75% 的无机碳酸钙。鹦嘴鱼排泄的碳酸钙形成了菲律宾的几处白色沙滩。珊瑚礁上大量鹦嘴鱼群的存在有助于珊瑚礁基底活珊瑚的生存，而不是被藻类取代。鹦嘴鱼有大约 80 个亚种，都有着不同的特点。为了构建模型，将那些物种的行为聚集在一起。图 1-6 展示了鹦嘴鱼提供的重要生态系统功能，它们能够将珊瑚礁上大型海藻种群保持在一个很低的水平，因而能提高珊瑚幼虫占有的有效空间。图 1-6 右图表明

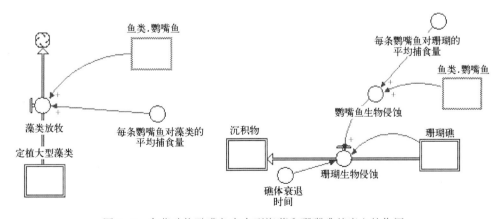

图 1-6　食草动物鹦嘴鱼在大型海藻和珊瑚礁基底上的作用

鹦嘴鱼在捕食海藻时对珊瑚礁的负面影响。

Mumby（2009），Sheppard（2009）和 Hoey（2008）做了一个完善的有关加勒比海域不同位置珊瑚礁鹦嘴鱼破坏率的文献综述。在这个模型中，假设一条鹦嘴鱼平均每月消灭 1 m² 的藻类覆盖物（或 0.0012 hm²/a），每年生物侵蚀的面积为 3e-07/hm²。这个数字远小于藻类对珊瑚礁的破坏，因为相对于珊瑚礁较厚的基底，藻类只是一薄层。

正如图 1-7 所描述的，鹦嘴鱼的生物学生长过程与珊瑚息肉和大型藻类相似。鹦嘴鱼种群因产卵而增加，因幼苗和成年鱼类的死亡而减少。然而，鹦嘴鱼和珊瑚生态系统之间还有如下 3 个重要的反馈。

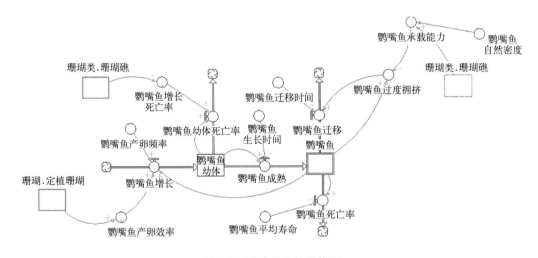

图 1-7　鹦嘴鱼生物学模型

（1）活珊瑚息肉的覆盖面越大，产卵率越高，因为珊瑚息肉能为鱼类幼体提供栖息的线索和地点（Sheppard et al.，2009）。由于没有具体的数据表明活珊瑚覆盖面积的大小与产卵率有关，假设结果与最高产卵率 60%（1000 hm² 珊瑚礁）和最低产卵率 10%（0 hm² 珊瑚礁）成线性关系。当没有珊瑚礁栖息时，假设 10% 的鹦嘴鱼幼体将栖息在周围的海草中。

（2）珊瑚礁面积越大，幼虫死亡率越低，因为珊瑚礁为幼体提供了一个可以隐藏自己，逃避捕食者的复杂结构。食草的鹦嘴鱼在白天用珊瑚礁作为庇护，夜晚则在附近的海草丛中进食（McCook et al.，2001；Sheppard et al.，2009）。由于没有具体的数据表明活珊瑚覆盖面积的大小与幼体死亡率有关，假设结果与最高死亡率 90%（0 hm² 珊瑚礁）和最低死亡率 65%（1000 hm² 珊瑚礁）成线性关系。

（3）任意时刻鹦嘴鱼的承载能力取决于珊瑚礁的大小和每公顷珊瑚礁鹦嘴鱼的自然

密度。自然密度与鹦嘴鱼的自然栖息地动力学有关。当鹦嘴鱼的承载能力过强，一定数量的鹦嘴鱼会迁徙到周围的珊瑚礁地区。

1.1.5.2　珊瑚捕食者：长棘海星

长棘海星（COTS）是一种以活珊瑚组织为食的动物，是印度—太平洋珊瑚的主要自然捕食者之一（Great Barrier Reef Marine Park Authority，2014；J. Hoey，Chin，2004；Sheppard et al.，2009；Viles，Spencer，1995）。它以活珊瑚为食，通过转换消化系统排泄出酶的混合物。这种海星因其表面又长又密又尖锐的刺而得名。低密度的 COTS 是珊瑚礁生态的正常部分。然而长棘海星暴发时（每公顷超过 1500 只），COTS 能破坏大量的礁石基底上的珊瑚（图 1-8）。

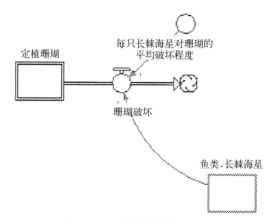

图 1-8　珊瑚被长棘海星捕食

COTS 几乎完全以活珊瑚组织为食。在个别礁石上，COTS 暴发通常在海星耗尽食物供应 3~4 年之前，并常常产生巨大的影响。在一些地区，珊瑚的死亡率能达到 95%，典型的珊瑚覆盖率为 78%，在整个珊瑚礁范围内 6 个月内珊瑚覆盖率降低至 2%，并被藻类种群所取代（Viles，Spencer，1995，第 251 页）。平均 40 cm 体长的成年长棘海星通过捕食活动每天能杀死 478 cm² 的活珊瑚（University of Michigan，2016），以此假设一只成熟长棘海星每年能吃掉 0.001 825 hm² 珊瑚。

如图 1-9 所示，长棘海星的生物学生长过程与珊瑚息肉、大型海藻以及鹦嘴鱼类似。海星生物学模型中最重要的新关系和反馈是：

（1）COTS 幼体的死亡率受鲷鱼种群的影响，鲷鱼有一种重要的功能是吃珊瑚礁上的小型生物。珊瑚礁上，COTS 幼体是鲷鱼和其他鱼类的一种食物源（Talbot，Wilkinson，2001）。在这个模型中假设鲷鱼种群和 COTS 死亡率呈线性关系。

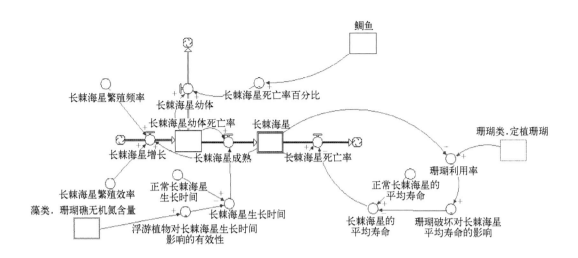

图 1-9　长棘海星的生物学模型

（2）成熟的 COTS 的死亡率受它们的主要食物——珊瑚礁上的活珊瑚组织影响。当 COTS 暴发，海星迅速吃掉珊瑚礁上的所有活珊瑚，随着海星的入侵，活珊瑚很快消失（Sheppard et al.，2009）。珊瑚耗尽对 COTS 平均寿命的影响是非线性的。当还有珊瑚存在时，就没有影响。然而，当全部的活体珊瑚被消耗，COTS 余下的平均寿命将减少到 3 个月（假设它们没有摄取食物所能存活的时间）。

（3）在营养水平低的健康珊瑚礁上，COTS 幼体需要两年时间才能成熟。然而，当氮含量（DIN）增加时，浮游生物也就是它们赖以生存的养分的可利用性也会增加。因此，以浮游生物为食的 COTS 幼体能快速增长并尽早达到成熟（J. Hoey，Chin，2004；Sheppard et al.，2009；Talbot，Wilkinson，2001）。

1.1.5.3　鲷鱼数量

鲷鱼被列入该模型，因为它作为当地的主要食物来源，是最重要和最受欢迎的种群之一。此外，鲷鱼在控制 COTS 的存活率方面起重要作用。鲷鱼有许多不同种类，"红鲷鱼"是一种受欢迎的海产品而广为人知。

鲷鱼种群的生物学方式与鹦嘴鱼的生物学过程相同，迁徙都是基于承载能力和珊瑚，以及珊瑚礁与鲷鱼之间的反馈（见图 1-10）。

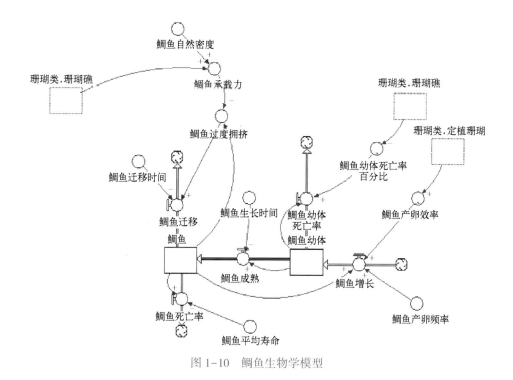

图 1-10　鲷鱼生物学模型

1.2　模拟结果与因果循环图

假设模型中没有人类的负面影响，从 1970 年到 2050 年珊瑚礁和活珊瑚的覆盖面积将稳定增长（见图 1-11）。在假设的因果关系和参数值的基础上，珊瑚礁基底从 500 hm² 增加到 570 hm²，活珊瑚组织从 250 hm² 增加到 379 hm²。大型藻类的覆盖面积从 30 hm² 迅速减少到 0。

稳定的增长行为描述了模型（1970 年）中不受干扰的珊瑚礁和受当地人口和旅游动态影响的珊瑚礁的普遍趋势。因此，后面的章节，将把未受干扰的珊瑚的长期稳定增长行为与被人类发展所影响的珊瑚进行对比。

模拟（见图 1-12）显示了鱼类的类似行为，其最初随着时间的推移迅速增长，直到它们达到稳定的生长期，在此期间鱼类种群随着珊瑚礁的增长而增长。因此，2000 年前后，鹦嘴鱼和鲷鱼数量的增长斜率的变化是它们数量在珊瑚礁上达到自然密度的结果。当它们达到这种承载能力时，只要珊瑚礁在增长，它们的数量就能够增长。在未受干扰的珊瑚礁系统中观察到的行为是珊瑚礁自然结构的结果（见图 1-13）。有三个重要的正反馈循环，导致珊瑚礁和鱼类种群随着时间的推移稳步增长。

17

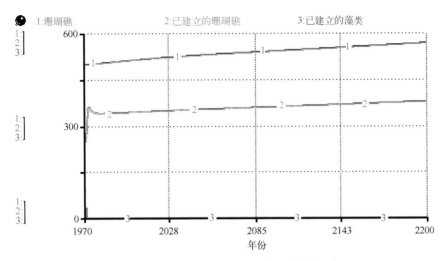

图 1-11　模拟珊瑚礁中未受干扰珊瑚礁的生长

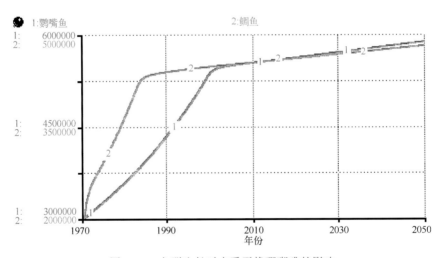

图 1-12　鱼群生长对未受干扰珊瑚礁的影响

（1）在正反馈循环 R1"珊瑚礁生长"中，珊瑚礁以活珊瑚组织为主，而不是大型藻类，将会有更多的珊瑚礁形成，从而导致新的珊瑚幼虫有更多的空间。

（2）在正反馈循环 R2"珊瑚优势"中，高珊瑚礁和活珊瑚种群导致鹦嘴鱼幼苗的存活率和产卵效率提高，导致鹦嘴鱼种群增多，对大型藻类的伤害增加。当藻类被鹦嘴鱼连续伤害时，珊瑚息肉将能够占据珊瑚礁上大部分的可用空间。然而，更多的鹦嘴鱼还会在珊瑚礁基底上进行更多的侵蚀（B3"侵蚀"），这会缩小珊瑚礁的体积。这种平衡反馈循环限制了珊瑚礁生长反馈循环的强度。

（3）在正反馈循环 R3"海星控制"中，高珊瑚礁和活珊瑚库存导致鲷鱼的幼苗存活

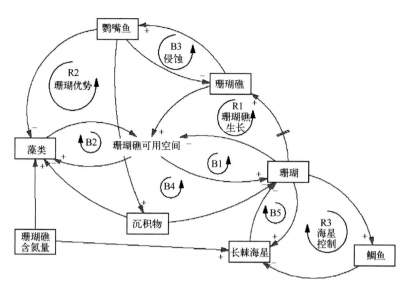

图 1-13　未受干扰珊瑚礁系统的因果循环图

率和产卵效率提高，从而导致长棘海星幼虫的存活率降低。当生存下来的海星幼虫较少时，可能会阻止 COTS 暴发。

当珊瑚礁由活珊瑚组织主导时，珊瑚礁才能增长，因为大型藻类不能建造珊瑚礁基底。珊瑚能够胜过大型藻类成为主导的主要驱动力有：

(1)珊瑚礁氮含量低，降低了大型藻类和长棘海星的生长速度；

(2)充足的鹦嘴鱼群，能使珊瑚礁基底免受大型藻类的控制；

(3)充足的鲷鱼种群，可以控制长棘海星的暴发，这可以迅速减少活珊瑚覆盖面积。

由于珊瑚礁形成的缓慢性，在有利条件下加强结构将导致珊瑚礁、活珊瑚组织和鱼类种群的稳定增长。然而，从模型结构可以总结出，在不利条件下，珊瑚礁自我增强的过程可能会随着时间的推移而崩溃。这是可能的，假设摧毁珊瑚礁所需的时间远远短于构建珊瑚礁的时间。

第 2 章　了解菲律宾海域珊瑚礁退化的原因

2.1　沿海人口增长与渔业发展

本章将通过居住在珊瑚礁周围的原始人口数量来阐明一些过程。这一人口数量一方面促使珊瑚礁的增长，另一方面也加重了珊瑚礁的生存压力。本章将讲述沿岸人口是如何随时间增长而发展的。此外，本章还会阐述人口的增长将如何对珊瑚礁的营养物质、鱼群的数量以及礁石基底的损坏度产生影响，加重负担。

2.1.1　人口增长

如图 2-1 所示，虽然人类是通过有性繁殖且不是卵生（即胎生），但是居民人口的增长模式与当地活珊瑚虫、大型水藻和鱼群种类的增长模式却惊人的相似。图 2-1 中，人口量按年龄被分为三组：

（1）从 0 岁到 14 岁；

（2）从 15 岁到 64 岁；

（3）65 岁以上。

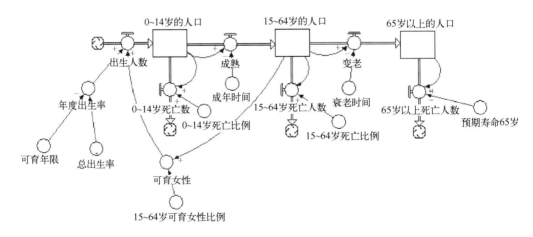

图 2-1　人口增长模型

从一组人口数来看，每年婴儿出生的数量依赖于可生育女性的数量(其比例大致为 15∶64)，以及这一部分女性每年的分娩率。历史上，菲律宾人口中妇女数量占总人口的百分比一直接近 50%(菲律宾妇女委员会，2014)。假设在这一人口比例中，有 5% 的妇女不能生育。那么就总体生育率而言，在城市地区平均每位菲律宾妇女的子女人数为 2.8 名，在乡村为 3.8 名。生育率在过去 20 年中逐年削减，由 1983 年的每名妇女平均有 5.1 名子女，减少到 2003 年的 3.5 名，2008 年为 3.3 名(国家统计局，2008，第 3 页)。菲律宾人出生时的平均寿命为 72 岁(菲律宾统计局，2011)。

如图 2-2 所示，分别采用 1000、1000 和 250 的初始值来模拟人口增长，结果表明了人口是如何从 1970 年的 2250 发展到 2050 年的 7642，在 80 年间翻了 3 倍。

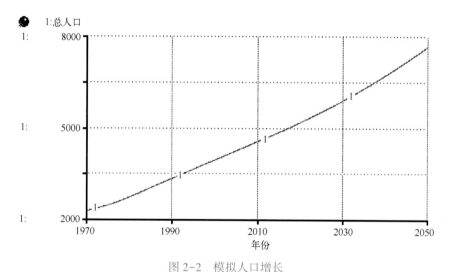

图 2-2　模拟人口增长

2.1.2　污水处理

随着当地人口大规模增长，大量的污水也随即产生。在菲律宾，人们常把海洋视为天然浴场。据观测显示，沿海定居点附近的水域受污染严重。在科伦镇(Coron Town)和锡亚高岛(Siargao Island)的部分地区，当地居民正住在水上的陋室中(见图 2-3)，而他们直接将污水倒入海中。在其他地方，如埃尔尼多岛(El Nido)、长滩岛(Boracay)和巴顿港(Port Barton)、邦劳(Panglao)、莫阿尔博阿尔(Moalboal)和麦克坦(Mactan)，当地居民的生活污水通过两三个直通大海的排水口被直接排入大海(见图 2-4，图 2-5 和图 2-6)。这些污水排放口周围丰富的藻类清楚地表明，这些排水口所排出的废水在排放前并没有被妥善处理。

图 2-3　科伦镇和锡亚高岛的当地居民居住环境

图 2-4　长滩岛污水排放和藻华状况

图 2-5　埃尔尼多岛污水排放及藻华状况

图 2-6　巴顿港污水排放

　　如图 2-7 中的模型所示，当地人口的污水排放量是按照总人口和每人每年平均
730 L 的污水排放量进行建模的。在菲律宾沿海地区，被处理过的污水占当地人口总污
水量的比例一般都很低。当地几乎很少建有集中的污水处理厂和系统，甚至只有少数
家庭才拥有所谓的"化粪池"（类似小型污水处理系统）。这些化粪池具有一定的污水净
化能力，可以在不同程度上进行污水处理。但即使使用了化粪池，污水也经常溢出或
渗漏到地面上，它们仍然可以通过这种方式进入海洋。据推测，处理得当的污水所占

比例为 10%。

　　当地居民排放的污水对珊瑚礁周围海域的营养成分有严重影响。当污水被第一次处理之后，它会对海滩附近(例如污水排放口处)的海水中溶解的无机氮含量产生直接的影响。据推测，这些无机氮将通过 3 个月的时间从海边扩散到珊瑚礁。但这种情况极有可能因珊瑚礁之间的深度以及水流状况等而发生强烈的变化，并且取决于珊瑚礁与含氮物排入大海的入口之间的距离。图 2-8 描述了无机氮从被处理过的污水扩散到海滩，进入珊瑚礁的全过程。

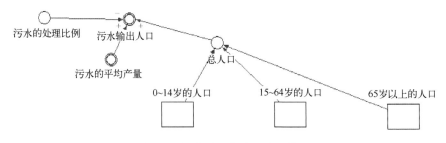

图 2-7　污水处理与当地人口模型

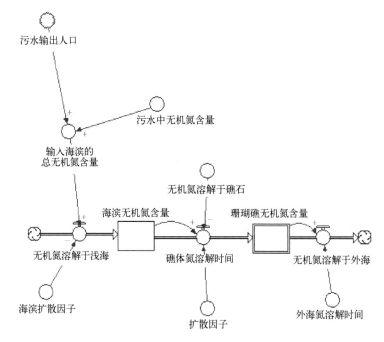

图 2-8　营养物质进入珊瑚礁过程

　　虽然当地居民排放的无机氮将会因为大量的海水而稀释，但当水压足够高，且污水处于连续排放状态时，它仍然可以影响珊瑚礁整体的无机氮含量(见图 2-9)。珊瑚礁中的无机氮含量对遏制藻华和长棘海星的暴发起着重要的作用。然而，正如模型所示的那样，当停止污水处理时，珊瑚礁中的无机氮含量能够很快地恢复到其对应的自然值，因为氮在海洋中稀释淡化的时间仅仅只有 3 个月。这个相对较短的延迟将在之后的拟议政策章节进一步讨论。

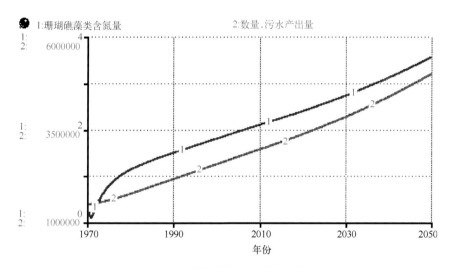

图 2-9　珊瑚礁上的无机氮含量

2.1.3　渔业发展

菲律宾的许多沿海居民依靠海洋作为他们主要蛋白质来源的提供者，因此，人口的不断增长导致了对鱼类的更多需求（见图 2-10）。然而，在菲律宾的许多地方，捕捞鱼类是主要的供给驱动力。这就意味着总的收成并不取决于当地居民对鱼的需求量，而是取决于渔船的数量和每艘船的平均渔获量。当地居民对鱼的需求量与总体捕鱼量之间的差额促进了鱼类的出口。对于最开始的一小群依靠捕鱼为生的人来说，鱼类出口占其经济来源的很大部分。

根据对菲律宾人口的观察，在 15～64 岁的男性人口中约有 30% 为渔民。在开发旅游业之前，大多数地方可以被视为小型的本土渔业经济。在这其中，有很大一部分的男性没有其他选择，只能成为渔民。而剩余不从事渔业的 70% 男性人口的职业广泛，从建筑部门、运输部门（三轮车和摩托车）到服务业（店主、理发师等），还有一部分残疾人。

通过与一些较重要的鱼类种群之间的相互作用，渔业在珊瑚礁退化过程中起到很重要的作用。在这个模型中，只对那些基于本地人口的大型鱼群的内生效应进行动态建模。之前已排除的重要因素，例如非法捕鱼等，将在附录 A 模型的测试中进行更详细

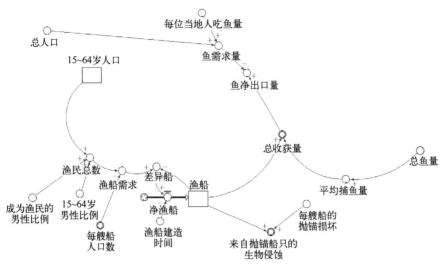

图 2-10 当地渔业组织

地讨论。该模型意在说明，即使当地居民只进行常规的捕鱼活动，对珊瑚礁产生负面的影响也是有可能的。当鱼类资源总体保持稳定时，该模型假定平均每天每艘船的捕鱼量为 50 条(或基于每周 6 天的捕鱼量，则每年是 15 600 条)。然而，当鱼类总体资源枯竭，减少到 100 万条以下时，则平均捕鱼量将直线下降到零(图 2-11 和图 2-12)。这是因为生活在(相对较浅的)珊瑚礁上的鱼类是很容易被捕获的，即便它们的群体数量越来越小。此外，渔民通常不会关注或是监测鱼类种群状况，他们只会继续捕鱼直到鱼类资源耗尽为止。

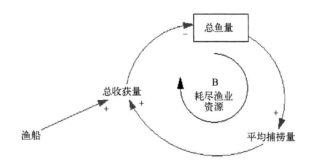

图 2-11 平均渔获量的因果循环图

模型没有解释渔民在长久的休渔期干了什么。事实上，渔会试着到海礁外的地方去捕鱼或者(如果他们有足够的资金的话)最终可能会移居。这个结果是不包括在模型内的，因为它具有高度的随机性，并且处在模型的计算范围之外。因为贫困和其他地方的工作机会有限，我们的假设是大多数居民开始依赖于鸡肉和猪肉，但同时还会继续钓鱼，希望鱼会回来。

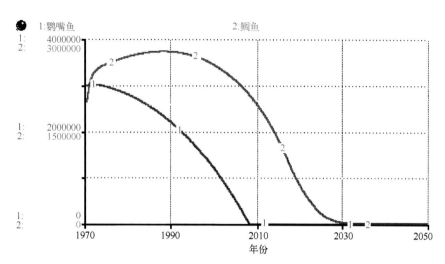

图 2-12　模拟当地捕鱼区内一个珊瑚礁上的鱼类生长状况

　　除了对珊瑚礁中鱼类的数量进行干预外，渔民人数的增长也是一个直接影响珊瑚礁的因素，因为下沉的船锚会破坏珊瑚礁的基底。

2.2　模拟结果与因果循环图

　　利用当地人口增长的影响对模型进行模拟，这为人类与生态环境的相互作用提供了一些有趣的见解。最有悖常理的是，实际上比起在那些没有人类影响的珊瑚礁上生长，珊瑚礁基底在当地捕鱼区内的珊瑚上能够长得更快。这可以通过鹦嘴鱼数量的减少来解释。在一个健康的珊瑚礁中，鹦嘴鱼是一种重要的平衡因子，它可以控制大型藻类和珊瑚礁的生长。如此看来，在珊瑚礁生长区旁边有一个小渔村反而更利于珊瑚礁的增长。然而，鹦嘴鱼不仅是控制珊瑚礁的生长，更重要的是它还可以控制珊瑚礁上大型藻类的生长。如图 2-12 中的模拟结果显示，从 2010 年前后，对比于活珊瑚组织，大型藻类开始加强了其在珊瑚礁上的相对优势。引起这种情况的原因是因为珊瑚礁上的氮可用性增加和鹦嘴鱼的数量较少。

　　这种不断增加的大型藻类对珊瑚礁有长期的影响，也会影响珊瑚礁基质的大小。将参考时期从 2050 年延长至 2200 年之后，模拟发现，在珊瑚礁上珊瑚礁息肉所占的优势较低，导致珊瑚礁基质的减少，从而导致活珊瑚以及大型藻类幼苗的可利用空间减少（见图 2-13）。从长远来看，珊瑚礁是不可能一直存在的，因为一旦正反馈循环 R1 "珊瑚礁衰退"，就会缓慢导致珊瑚礁灭绝，破坏珊瑚礁的稳定状态。

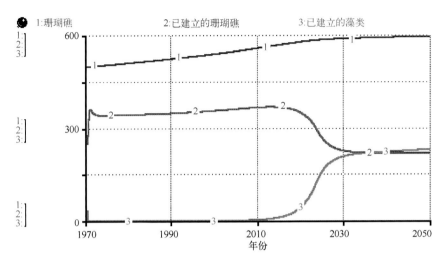

图 2-13　模拟当地捕鱼区内珊瑚礁上珊瑚的生长状况

　　图 2-14 揭示了人类与珊瑚礁生态系统之间的相互作用(红色)是如何导致在正反馈回路之后所产生的极性变化:

　　——R1 是从"礁增长"到"礁衰变";

　　——R2 是从"珊瑚优势"到"藻华";

　　——R3 是从"海星控制"到"海星暴发"。

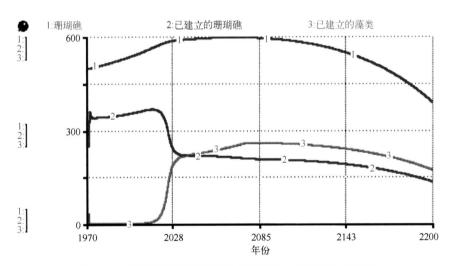

图 2-14　模拟长期当地捕鱼区内珊瑚礁上珊瑚减少的状况

　　值得注意的是,当地的渔业发展扭转了珊瑚礁的自然生长。然而,如上所述,由于人口有限,珊瑚礁灭绝的过程仍然需要相当长的时间(见图 2-15)。

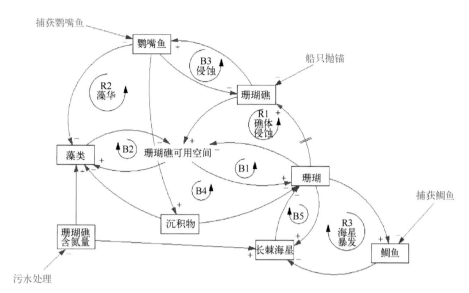

图 2-15 珊瑚礁与当地渔业团体的因果关系

2.3 旅游业成为渔业的替代选择

相对于其他群岛而言，菲律宾群岛还未被勘探，但其旅游业的发展潜力巨大。对当地人口来说，要应对日益减少的鱼类资源的逆境，发展旅游业可以看作是谋生的另一种方式。因此，把主要谋生手段从捕鱼业转向旅游业，可以看作是当地居民对珊瑚礁产生一部分负面影响的一种解决方案。

本节将会告诉我们，将经济慢慢地从渔业转向旅游业发展的当地居民是如何影响珊瑚礁生态系统的。建立这个模型的目的是为了更深入地了解这种转变对珊瑚礁的影响，无论是积极的还是消极的，它将以描述旅游行业随时间发展的方式开始。在进行转变之后，它将展现出日益增多的旅客数量是如何与珊瑚礁的生长过程相互作用的，并显示它们怎样与目的地人口的增长相互影响。

2.3.1 菲律宾"繁荣"的旅游业

菲律宾有巨大的旅游潜力，它拥有美丽的岛屿、丰富的文化遗产和友好的当地居民。然而，即使与最小的邻国新加坡相比，它的游客增长人数也存在结构上的失衡。根据联合国世界贸易组织（2015 年）的最新数据显示，在 2014 年，菲律宾的游客总数仅占亚太地区旅游人数的 1.3%。马来西亚（5.8%）和泰国（10.2%）的数据则相当高，而"小小的"新加坡也占到该地区游客总数的 5.1%。

游客人数较少的很大一部分原因是缺乏基础设施，特别是马尼拉和宿务，这两地的主要机场已经拥挤不堪，而且在提供服务和客户便利方面也远远落后于曼谷、吉隆坡和胡志明市等机场。不过，这两个机场都在进行翻修。例如，位于宿务的新客运中心预计将于2018年6月前完工。随着基础设施的完善，菲律宾将最终释放其充分的旅游潜力。由于许多亚洲国家的中产阶级人数迅速增加，预计未来几年来，这一地区的国际游客人数将继续增长（巴特勒，2009）。特别是在长滩岛和麦克坦岛，很大一部分游客已经从中国和韩国来到这里。此外，加强东盟一体化将使东南亚各国之间的旅客更容易流动。菲律宾国内旅游的快速增长（特别是年轻人口的增长），主要是由于人们不断增加的收入，以及越来越多的低成本航班和社交媒体。

综上所述，在未来几年里，游客人数必然会增加。潜在的负面影响可能是自然灾害或政治不稳定。然而，即使在菲律宾旅游业增长相对缓慢的情况下，也已经有一些地方，例如长滩岛和埃尔尼多岛，它们正经历着来自游客数量增长的巨大压力。

2.3.2 个别目的地的旅游增长

该模型假设某个目的地的游客数量增长是建立在该目的地因为口碑效应而越来越受欢迎的基础之上的。在旅客度假回来之后（如果他们很满意），他们会与其他人（朋友和亲戚）进行交流。图2-16描述了这些先前的游客如何影响愿意游览该地区的新游客的数量，例如目的地的扩散速率。目的地扩散速率是去过的旅客和他们亲戚的相遇总次数乘以将来选择一个人去旅游目的地的概率。人们以为，潜在的新游客数量是没有限制的。这是基于菲律宾游客来自世界各地的假设，特别是欧洲（7.5亿人），美国（3.2亿人），以及越来越多的亚洲国家，主要是指中国（14亿人），韩国（5000万人）和日本（1.3亿人）。

联系率是指游客在度假返回后进行交流的人数。到2000年，返乡的游客主要与直接的家人和朋友互动（每年20人次）。从2000年开始，在社交媒体（Tripadvisor，Facebook，Instagram等）上分享假日体验出现了快速增长的趋势。因此，现在度假回来的人能够比以前更有公众性（每年40人次）。特别是亚洲游客，经常使用自拍杆在网上与朋友和亲戚分享特殊时刻。但并不是每个假期都会和亲戚朋友决定去同一个地点。采纳率显示，一部分人决定未来前往某地是建立在他们与已经去过的游客进行交流的基础之上的。人们认为，新的经历将会使一个去过这个地方的游客忘记3年前的经历。

潜在的新游客是指那些决定要去某个地方并开始为旅行做准备的人。在未来5年里，当游客没有机会去旅游时，可能会忘了想去的地点。然而，在这种情况下，他们仍有可能在未来通过与去过的游客交流而再次对想去的地点充满热情。

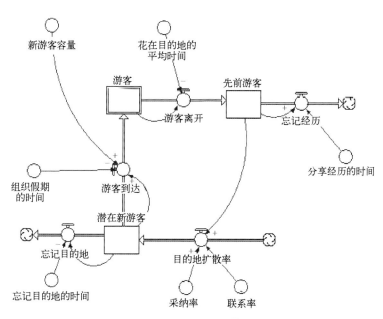

图 2-16　旅游增长模型

　　在特定的时间内游览某个目的地的潜在游客数量取决于潜在的新游客数量和组织他们的假期所需的时间。人们认为,平均来说每年都有潜在的游客组织一次前往某个目的地的旅行。这一段时间包括准备航班、度假村和活动并安排假期时间。这一次,国内游客(他们可能在 6 个月内到达目的地)和外国游客(他们可能需要 2 年左右,因为他们还有其他长途旅行计划)预期的时间可能都会缩短。然而,当岛上没有空房时,准备去旅行的游客将不得不推迟他们的旅行。从我的经验来看,除了一小部分背包客在没有预定的情况下到达目的地,大多数游客都有预定的度假酒店。

　　图 2-17 描述了目的地在游客中越来越受欢迎时,目的地的可用度假能力随之增加的过程。在这个模型中,旅客可选择的所有不同类型的可用住所包括在目的地的所有建筑,如传统的海滨度假胜地、旅馆、旅舍和更多的海滩住宿。旅游胜地的需求与目的地实际数目之间的差额与计划兴建的新度假胜地的数目相等。

　　度假村的需求显示了开发商的决策过程。菲律宾旅游度假区的项目开发通常是由国外投资者根据国家法律与当地人合作,并由国外投资者提供资金(只有来自菲律宾的人才可以开办企业)。项目开发商经常根据游客数量和未来几年的预期增长率来决定是否投资房地产。假设旅游增长率平均为 20%,这个数字在旅游周期的不同阶段会发生改变,通常在一个目的地刚刚被发现的时候就开始下降,然后随着城市拥挤或环境污染成为主要问题时就会开始增长并出现峰值。这些反馈已经超出了这个模型的范围。例如,长滩岛从 1980 年开始旅游开发,即使过度拥挤和污染看起来已

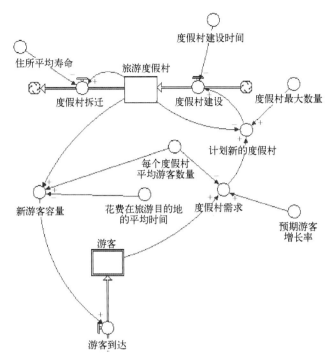

图 2-17　接受新游客的度假村能力

经成为一个更大的问题，旅游业仍有望增长。因此，随着游客数量的增加，新游客的容量也随之增加。该模型进一步假设，在经过 30 年的时间后，由于其基础结构的衰退，度假村将无法再作为旅游胜地，然后这些度假村将被拆除。

　　假设岛上最多有 3200 个度假村。这个数字是基于一个类似于长滩岛（1000 hm²）的目的地。这一数字可能非常乐观，因为其他（环境和社会）因素预计会在此之前限制旅游业的增长。长滩岛在 2015 年的旅游人数达到了 150 万人次。假设最多拥有 3200 个度假胜地，在每个度假胜地都有同样多的人，花费同样多的时间游览，长滩岛将能够达到每年 400 万人次的游客承载能力。然而，这个数字是高度推测的，因为它是对未来时期的预测，需要对实际承载能力进行进一步的研究。图 2-18 显示了目的地游客数量的指数增长，并在 2035 年前后达到了极限。正如所显示的那样，环境的状态与目的地的吸引力之间没有反馈。因此，游客数量的增长模式将呈 S 形曲线。

　　从模型结构来看，它意味着旅游人数的增长是由一个正反馈回路驱动的，在这个循环中，口碑传播会导致更多的人想要在未来去旅游目的地，从而导致更多的口碑传播。然而，旅游人数的增长受到现有的度假能力的限制。但是度假胜地的增长本身是由一个正反馈循环所驱动的，在这个循环中，越来越多的游客会让政府开发出更多的度假胜地，从而吸引更多的游客。图 2-19 描述了这两个正反馈循环以及一个如何降低

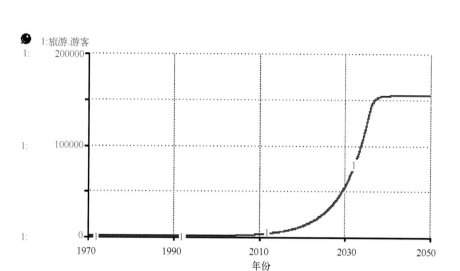

图 2-18   旅游目的地的游客

新游客的可用容量的平衡反馈循环。因为随着时间的推移，这些度假胜地将被完全预订。有趣的是，我们注意到这种反馈结构与珊瑚礁生长结构具有相似性。在珊瑚礁生长结构中，活珊瑚组织的高入住率会导致更多的珊瑚礁基质，从而增加新的珊瑚个体的可用能力。旅游增长与珊瑚礁增长之间最重要的区别是珊瑚礁的生长需要很长时间，而建造一个度假胜地的时间只有一年。因此，预计度假村和游客数量的增长速度要比珊瑚礁的增长快得多。

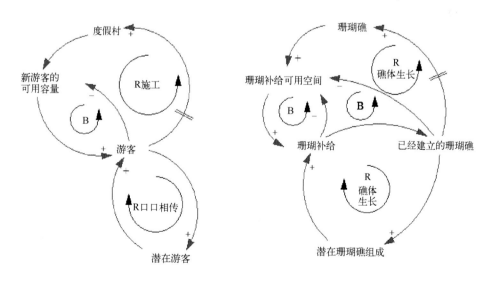

图 2-19   旅游开发与珊瑚礁生长结构

2.3.3 减轻对鱼类资源的压力

在菲律宾，跳岛是最受欢迎的旅游活动之一。在旅游期间，成群结队的游客乘船前往不同的岛屿，游览海滩和珊瑚礁。游客们可以去珊瑚礁地区潜水或浮潜。在这个模型中，假设大多数去菲律宾沿海旅游的游客在度假期间也会在岛上参加一次或多次旅游。因此，假设在某一天到达目的地的所有游客中，有1/5的游客会参加一项涉及旅游船的活动（主要是跳岛一日游）。图2-20解释了为什么越来越多的游客会导致对游船需求的增长。

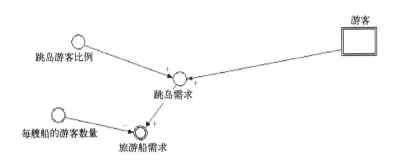

图2-20　对游船不断增长的需求

由于对旅游船日益增长的需求，越来越多的渔民决定从经营渔船转而经营观光船。渔民们决定转业主要是因为使用一艘游船在经济上比用船捕鱼更有吸引力。此外，鱼群的减少可能已经降低了渔民捕鱼的吸引力。转业的渔民数量取决于对旅游业务的需求和转换所需的时间。该模型假设，如果旅游需求足够高，所有的渔民都会转向旅游行业。这可能并不完全正确，因为仍会存在一些当地渔民（通常是更小的单人船）。此外，在旅游发展的初期阶段，似乎有一种过渡时期，即在混合模式下使用船只进行捕鱼和旅游活动。然而，在像长滩岛和埃尔尼多岛这样的大型旅游景点（见图2-21），几乎所有的渔民都变成了旅游经营者。对埃尔尼多岛鱼市的观察显示，现有的鱼并不是在当地捕捞的，而是来自其他地方，比如泰国。

图2-22描述了岛上居民从渔业到旅游业的转变过程。据推测，从渔业工作转换到旅游业工作，平均需要6个月的时间。这个延迟时间包括它收到当地政府单位旅游经营许可证（LGU）的时间，以及重新设计使用船来作为旅游交通的时间。在当地居民决定直接转业到旅游业的情况下（不是第一次成为渔民），他们仍然会经历同样的过程，这个过程包括建造一艘船，并学习如何成为一名旅游经营者。因此，这个过程并没有单独建模。此外，由于在模型中没有反映出旅游的增长可以逆转，因此，在模型中没

有任何过程可以使观光船重新成为一艘渔船。此外，人们一直认为，渔船和观光船不会随着时间的推移而腐烂，取而代之的是破损的或旧的部分。

图 2-21　旅游船准备出发(埃尔尼多岛，巴拉望岛)

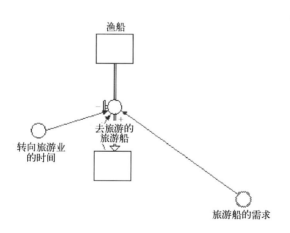

图 2-22　从渔业转向旅游业

图 2-23 显示，当旅游业迅速发展，更多的渔民转而成为旅游经营者时，渔船数量在 24 艘船只上达到峰值，然后开始下降。

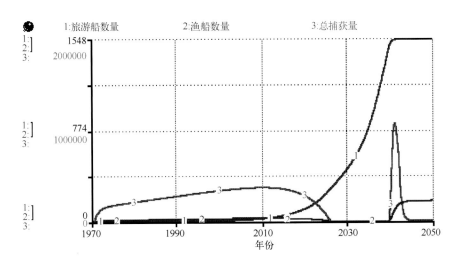

图 2-23　减轻鱼类资源压力

2.3.4　旅游多元化带来的意想不到的后果

随着当地更多的居民在旅游行业工作，渔民的数量开始下降。可以预料到的结果是，渔民的减少对鱼类资源的压力将会下降。如之前所述，捕捞鱼类对珊瑚礁的生长有负面影响。因此，渔民转业转向旅游业通常被视为一种增加珊瑚礁可持续性的政策。然而，尽管转向旅游业减少了对鱼类种群的压力，但它也会导致其他可能对珊瑚礁有害的过程。这些意想不到的后果将在本节中描述。

2.3.4.1　来自土地开发的沉积物

旅游发展的第一个意想不到的结果是土地开发对珊瑚礁沉积物水平的影响。当新建的度假村建成时，土地必须被清理。在土地清理和度假村建成期间，沉积物被再生产和处置入水（见图 2-24）。即使是在远离海滩的地方，建筑活动的沉积物仍然被工人们扔进大海。当旧的度假胜地被拆毁时，就会产生沉积物并被工人处理。一般认为，一个度假村的发展将会产生 500 m²（或 0.05 hm²）的沉积物。

度假区的开发和沉淀所带来的最具争议的问题是这些度假胜地建在海滨附近。在一些旅游景点，有规定禁止在海岸线 30 m 以内进行建筑活动。然而，据观察显示，大多数的旅游景点都在海岸线附近建造了几个度假村，或者计划在海岸线附近建造。图 2-25 显示了巴顿港相对未开发的海岸线照片，它最近才开始成为主要的旅游目的地。图 2-26 显示了埃尔尼多岛海岸线附近几米范围内一个新的度假胜地的开发情景。

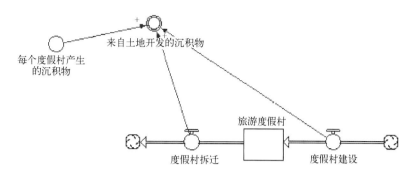

图 2-24　来自土地开发的沉积物

图 2-25　巴拉望岛巴顿港的低发展水平度假村

图 2-26　在埃尔尼多岛、巴拉望岛开发海滨度假胜地

图 2-27 显示了由于旅游热潮进行的建筑活动造成珊瑚礁内沉积物数量的增加。2035 年前后的峰值和快速变化是旅游目的地承载能力的结果。当承载力达到了某一值时，就不会再建造新的度假胜地了，从而导致沉积物迅速减少。

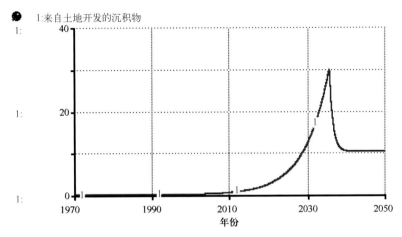

图 2-27　来自度假村开发的沉积物

2.3.4.2　旅游度假区的污水处理

　　游客数量的增加也会导致珊瑚礁上的营养物质的增加，就像不断增长的人口增加了这些营养物质一样。在菲律宾的许多地方，大部分来自旅游胜地的污水由于缺乏污水处理系统而没有得到适当的治理。在旅游发展的后期阶段，当水污染开始成为一个更大的问题时，对污水处理系统和度假村业主的规定也会变得更加严格。图 2-28 描述了游客数量的增加会产生更多的污水处理的过程。据估计，40% 的度假胜地以这种方式来处理污水，以抵消无机氮的含量。这 40% 主要是度假胜地中最昂贵的度假胜地，他

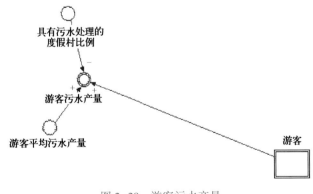

图 2-28　游客污水产量

们拥有投资技术的资金。许多其他的度假胜地，要么直接将污水排入大海，要么使用无法正常工作的化粪池。对于单个度假村来说，在所需的适当技术上进行投资是非常昂贵的。此外，往往没有适当的政策来支持此类投资。

图 2-29 显示了在污水处理不当的情况下，旅游胜地的污水排放量增加的情况。

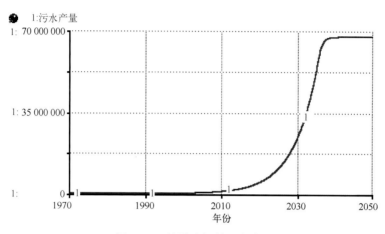

图 2-29　旅游度假村污水产量

2.3.4.3　船只和游客对珊瑚的直接破坏

尽管转向旅游开发减少了对鱼类资源的捕捞，但不会减少对船只的锚定损坏，因为现在这些船只同样被用于在珊瑚礁上进行旅游活动。此外，许多对珊瑚礁的破坏是由潜水者和浮潜者造成的。他们会在跳岛活动时踩、踢、抓、跪和站在礁石上，特别是有分支的珊瑚礁和浅滩。在埃尔尼多岛的一位游客以他的经历告诉我们，在低潮的时候，船工们是如何带游客参观珊瑚礁的，游客们用他们的船鞋在珊瑚礁上行走。图 2-30 描述了跳岛活动与珊瑚礁生物侵蚀之间的相互作用。

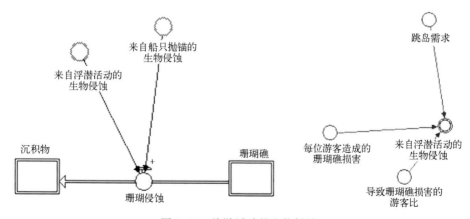

图 2-30　旅游活动的生物侵蚀

在这个模型中，假设平均有 20% 的游客会对珊瑚礁造成破坏，因此对人们进行教育和培训，警告人们不要触碰珊瑚礁以及如何在水中表现是十分重要的。特别是韩国、中国和日本的潜水员和浮潜器会对珊瑚礁造成很大的损坏，因为他们在珊瑚礁上缺乏知识和经验。此外，他们中的相当一大部分人不会游泳，从而使他们在进行珊瑚礁的旅游活动中站在礁石上。此外，潜水者、初次潜水者和不负责任的导游对珊瑚礁的影响也很大。

图 2-31 显示了船锚（渔船和观光船）以及浮潜和潜水活动对珊瑚礁造成的破坏。

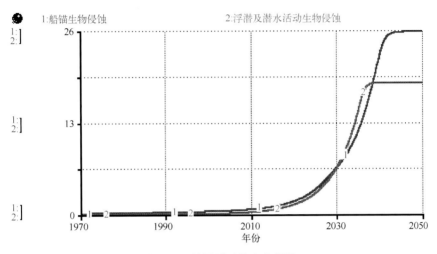

图 2-31　旅游活动的生物侵蚀

2.3.4.4　鱼类需求与移民

随着旅游目的地越来越多，餐馆的数量也会增加。从图 2-32 和图 2-33 可以看出，在大多数沿海的旅游目的地，鲷鱼是一种很受欢迎的食物来源。

图 2-32　埃尔尼多岛、巴拉望岛的鱼餐厅里的鲷鱼（左侧）

图 2-33　鹦嘴鱼(左上)和鲷鱼(右上)在邦劳岛的鱼餐厅

　　然而，正如前面所解释的那样，不断发展的旅游业将会导致越来越多的渔民开始成为一艘旅游船的经营者。因此，正如许多旅游目的地所经历的那样，对鱼的需求的增加并不一定会导致鱼的捕捞量增加。事实上，在一些地方，游客对鱼的需求增加了，旅游地会从附近的地方进口更多的鱼。图 2-34 描述了鱼类需求的增加会导致更多的进口(例如负出口)。

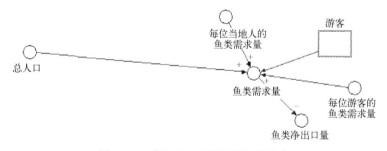

图 2-34　当地人口和游客的鱼类需求

　　图 2-35 显示了 2010 年之后鱼类的总捕捞量与鱼类需求之间的差异，其中很大一部分对鱼类的需求必须从目的地以外的渔民那里购买。

　　当鱼必须进口或在主要基础上提供给旅游市场(例如直接从渔民那里购买)，鱼的价格就会上涨。这可能导致当地人口减少他们的食物摄入量，他们会转而从猪肉或鸡肉中增加蛋白质的摄入量。这种效果超出了模型的范围，并没有包含在模型中。

　　旅游发展的另一个意想不到的结果是，由于对旅游活动的需求增加，就业机会也随之增多。图 2-36 描述了旅游活动需求的增加导致渔民(如工人)数量的短缺。当劳动力结构出现漏洞时，就会导致工人移民。由于菲律宾的许多岛屿都存在贫困状况，因此，对生活条件的改善将会导致更多的迁移意愿。因此，人们可用的资本被认为是无限的。例如在科伦，由于最近的旅游热潮，许多渔民转业到旅游业。然而，仍然有更

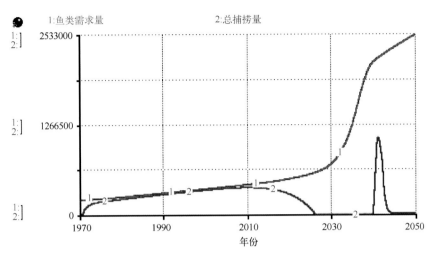

图 2-35　旅游目的地的鱼类需求量和总捕捞量

多的新人来到岛上找工作。从观察结果来看，很明显，在长滩岛、埃尔尼多岛、邦劳岛、麦克坦岛和莫阿尔博阿尔岛从事旅游工作的许多人最初也来自菲律宾的其他地区（通常是马尼拉）。

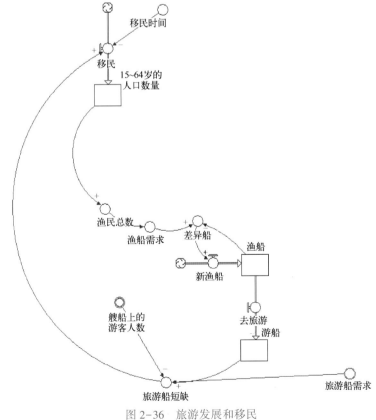

图 2-36　旅游发展和移民

假定一个人移民的时间是一年。这个延迟时间包括办理行政程序和意识到工作短缺所花费的时间。图 2-37 解释了旅游开发的增加如何影响岛上的当地人口的增长率，从而对当地人口的增长产生影响，这已经在前面的章节有所描述。

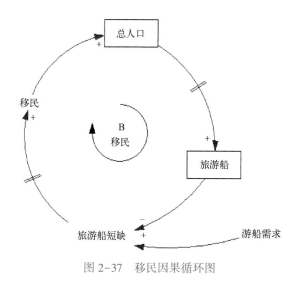

图 2-37　移民因果循环图

图 2-38 显示了人口的增长是由于在本地工作短缺的工人的快速移民造成的。

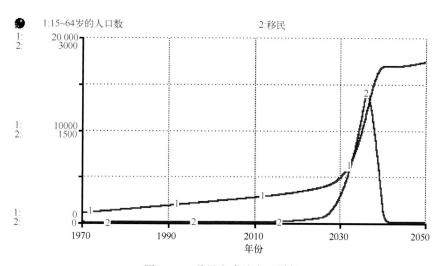

图 2-38　移民和当地人口增长

越来越多的移民可能会对当地居民产生另一个意想不到的负面影响。有可能，受教育和商业经验的限制，当地居民实际上不会被雇佣在旅游部门工作。相反，更多有商业经验的移民会被像马尼拉这样的城市吸引。这可能会导致当地人口的贫困状况加重，这对旅游业的发展没有太大的好处，甚至也是负面影响。在本研究中已经注意到了这个问题的一些指标，但是这种关系并没有包含在模型中，因为它超出了本研究的范围。

2.4 模拟结果与因果循环图

如图2-39所示，珊瑚礁的模拟解释了当地人口的增加和旅游业的发展相结合会导致珊瑚礁迅速退化甚至灭绝。

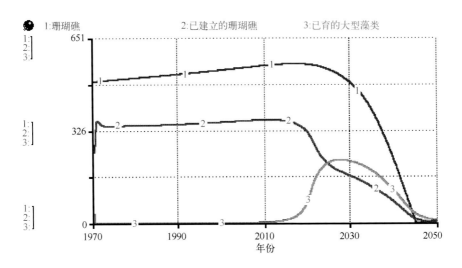

图 2-39 以当地渔业社区和旅游为例，模拟了珊瑚礁的长期崩塌

正如本章一开始讨论的，旅游发展经常被看作当地社区的"圣杯"，通过减少捕鱼来帮助保护珊瑚礁。然而，将图2-40中的因果循环图与仅有的当地渔业社区进行比较，可以帮助我们解释为什么旅游业的增长实际上会导致珊瑚礁的退化。

切换到旅游业似乎通过减少捕捞鹦嘴鱼和鲷鱼来降低循环R2"藻华"和R3"海星暴发"的正反馈的强度。然而，旅游业的增长有好几个非预期的结果，它实际上加强了主导地位的循环。

（1）更多的游客直接产生（直接通过移民）更多的污水，也加快了大型藻类和长棘海星的生长速度。

（2）旅游胜地建设导致更多的泥沙进入珊瑚礁，这降低了活珊瑚组织、大型藻类和珊瑚礁基底的生长速度。

（3）越来越多的跳岛一日游活动通过锚定和活动行为，直接导致了不断增加的珊瑚礁的受损。

反馈回路的分析和模拟显示，鱼类种类的增长并不足以恢复鱼群的数量，因为

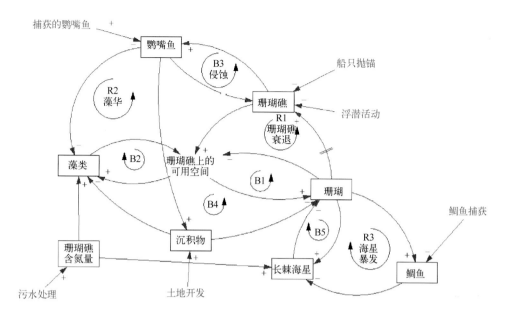

图 2-40　旅游胜地的珊瑚礁因果循环

鱼类资源的增长取决于珊瑚礁和活珊瑚组织的大小。随着珊瑚礁基底和活珊瑚组织的快速退化，加之旅游活动的影响，尽管减少了捕捞的直接影响，鱼类资源也会以同样快的速度衰退。

第3章 理解为什么菲律宾的珊瑚礁项目会失败

前一章已经说明了针对旅游业发展提出的多样化战略对珊瑚礁的退化来说并不是一个合适的战略。最有可能的是，旅游业的发展反而加快了珊瑚礁退化的速度。在过去的几年里，开发出了多种不同的珊瑚管理项目，力争恢复到珊瑚礁以前的状态。人工礁石、珊瑚移植和海洋保护区是最常见的手段。这些项目大多数已经失败了，或者说至少它们没有起到扭转珊瑚礁退化的预期效果。实际上，珊瑚礁似乎在这些项目到位的时候就已经恶化了。或许是这些管理项目没有改善珊瑚礁的状态，反而带来了负面影响。

珊瑚礁生长和衰退的模型已经具备模拟各种珊瑚管理计划的条件，此外，还可以引进人工珊瑚和珊瑚移植项目。移除长棘海星和建立海洋保护区也可以包括在模型中。为了展示这些珊瑚管理项目，下一章将会介绍从2000年开始的珊瑚项目以及在接下来的50年里预计会产生的影响。

3.1 人工礁石和珊瑚移植

人工礁石是人类制造的结构，它同由珊瑚虫产生的真正的珊瑚礁一样具备生态功能。人工礁石项目已经在菲律宾(以及世界各地)的许多地方启动。例如，在长滩岛，有一个在珊瑚花园礁上开发的项目。该项目被认可，在那里，新生长的珊瑚占据了人工珊瑚的空间。在埃尔尼多岛和科伦(巴拉望岛)类似的项目也开始启动。图3-1描述了人工制造的礁石是如何自然缓慢地增加珊瑚礁的形成速率的。

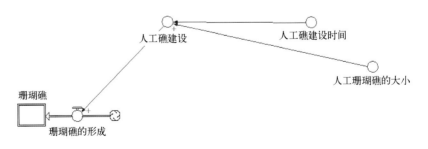

图 3-1 人工珊瑚项目

与整个珊瑚礁相比，菲律宾目前人工礁石项目的规模相对较小。假定在这个模型中从 2000 年政策开始，每年部署 1 hm² 礁石。图 3-2 显示了这个珊瑚礁项目的无效性，因为它对珊瑚的退化速度只有很小的影响。

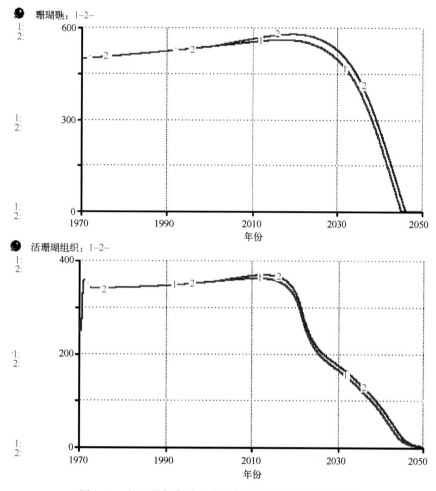

图 3-2　人工珊瑚礁项目对珊瑚礁和活珊瑚组织的影响

人工礁石项目通常是由珊瑚护理和移植项目组成。在珊瑚移植的项目中，年幼的新珊瑚被从有害的环境下取出来，移植到人工条件下进行护理(实验室或是另一个更健康的珊瑚礁部分)。当年幼的新珊瑚已经成长为成熟的珊瑚时，它们会被重新种植在珊瑚礁上。图 3-3 展示了珊瑚移植的方式增加了活珊瑚规模的大小。

与人工礁石一样，目前菲律宾的珊瑚护理和移植项目与珊瑚礁的总体规模相比相对较小。假定类似于人工礁石项目，在这个模型中每年部署 1 hm² 的珊瑚移植工程。据推测，完成珊瑚护理和移植项目需要大约一年的时间。这一年的时间，包括护理珊瑚直至它们成熟的时间、迁移并重新安置这些珊瑚的时间，以及重新定位与之相关的珊

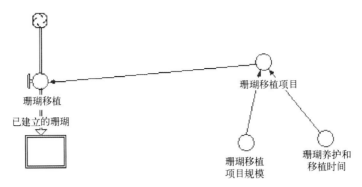

图 3-3 珊瑚护理和移植项目

瑚环境管理计划及行政程序的时间。图 3-4 显示了将珊瑚移植计划加入到已经存在的人工礁石上是无效的，因为它对珊瑚退化的速度只会有轻微的影响。而即使我们假设年度计划的规模达到 5 hm²，图 3-5 的模拟显示珊瑚礁最后还是会走向灭绝。

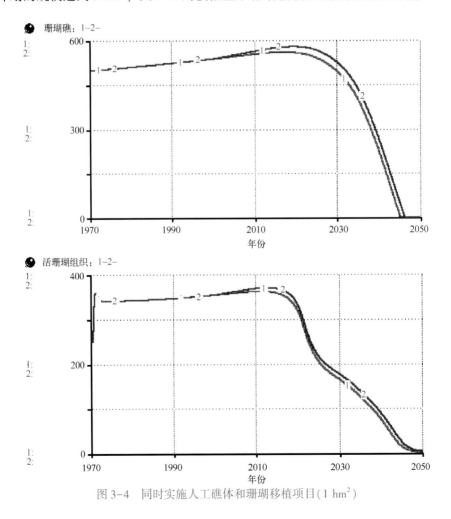

图 3-4　同时实施人工礁体和珊瑚移植项目（1 hm²）

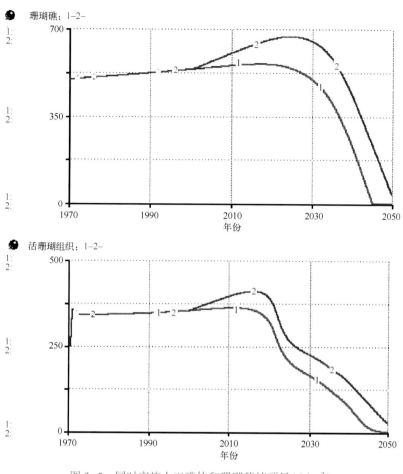

图 3-5　同时实施人工礁体和珊瑚移植项目（5 hm²）

3.2　移除长棘海星

经常暴发的长棘海星（COTS）现在普遍被认为是珊瑚礁的主要威胁。为了防止长棘海星在短时间内通过以珊瑚为食而快速增长，当长棘海星暴发的威胁初现端倪时，政府会出台相关政策移除长棘海星。通常不可能直接观察到珊瑚礁上的 COTS 数量。但是，当 COTS 的数目以肉眼可见的速度在礁石上增加的时候，政策制定者会得到提醒。然而，在大多数地方，移除政策仍然受到限制，因为只有一小部分的潜水员具有移除 COTS 的时间和能力。因此，如图 3-6 所示的模型中，移除的 COTS 数量不是基于所需要被移除的 COTS 数量，而是基于有能力移除的 COTS 的数量。

在 2006 年的长滩岛，一次长棘海星群的暴发对珊瑚礁产生了严重的影响。然而，随着时间的推移，COTS 被移除，活珊瑚组织的压力大大减小。从那时候起，只要超过

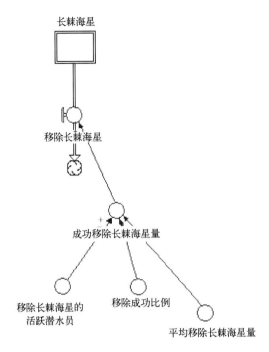

图 3-6　潜水员移除长棘海星

5 只可见的小长棘海星，潜水员就从潜水地点移除它们。在科伦，最近的一次 COTS 暴发发生在 2014 年。现在当 COTS 在预期情况下暴发时，科伦政府有一个持续的政策来移除它们。

　　每年可被移除的 COTS 数量将取决于潜水员的活动，包括移除的成功率和潜水员行动的效率。现在预计有 20 名活跃的潜水员（与研究人员合作）在 COTS 暴发时，从珊瑚礁中移除这些长棘海星。据推测，潜水员平均每年可以移走 50 只 COTS（每周大约 1 次移除行动）。经过接触以后，几家潜水店的主人透露，长棘海星潜水员工作的时间有限，因为用于这个项目的工作时间（大部分时间）没有报酬。彻底移除珊瑚礁上的 COTS 这个问题（让珊瑚礁在未来存活）是很重要的。有人认为，如果把一只长棘海星切割成碎片，它们分开的部分可以自己发育。这将使问题进一步恶化。这个反馈没有包含在模型里面。当长棘海星被用恰当的方式移除时，成功率为"1"。移除后还可以用作椰子肥。此外，澳大利亚詹姆斯库克大学的新研究发现：可以直接用醋给它们注射的方式来杀死它们。预计目前只有 50% 的活跃的潜水员可以正确地移除 COTS。例如，在锡亚高岛，由于缺乏如何正确移除 COTS 的知识，潜水员实际上是通过投掷沉重的石块来杀除 COTS 的。

　　图 3-7 显示了移除策略对珊瑚礁上 COTS 数量的影响。开始实施移除策略时，COTS 数量有所下降，但在 2010 年前后，它们又开始增加。图 3-8 显示，即使 COTS 的

数量减少，对珊瑚礁的可持续性和活珊瑚组织的影响也不大。

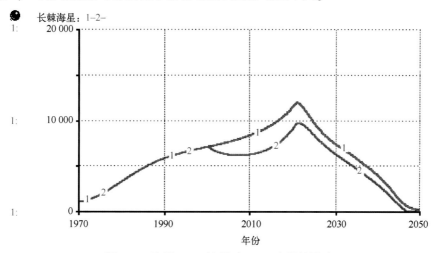

图 3-7　取消 COTS 计划对 COTS 存量的影响

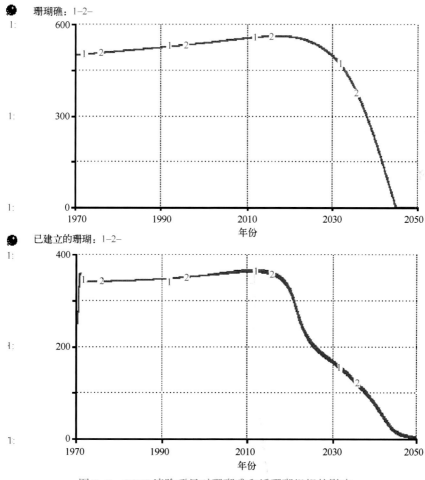

图 3-8　COTS 清除项目对珊瑚礁和活珊瑚组织的影响

3.3　海洋保护区

建立海洋保护区(MPA)通常被认为是维持珊瑚礁健康的"圣杯"。海洋保护区是一个免受人类活动影响的珊瑚礁区域。其主要目的是在区域内通过完全或部分限制捕捞活动恢复鱼类资源。作为额外的好处，船锚的损坏将会减少，因为在礁石上很少甚至不会有渔船。因此一般来说，MPA 计划被认为有助于恢复鱼类资源、扭转珊瑚礁的退化。但是，如果我们看一下捕鱼业在菲律宾的工厂，你会发现 MPA 计划带来了一些意想不到的后果。如图 3-9 所示，捕鱼产业通常是供给驱动的，这意味着捕捞鱼类的数量取决于渔船的数量和每艘船的平均捕鱼量。MPA 计划确实减少了渔民捕鱼的可利用区域，但没有减少渔船数量。因此，MPA 计划只是保护了一部分珊瑚礁，这意味着另一部分珊瑚礁将受到额外的渔船压力。图 3-9 描述了在有限的珊瑚礁范围内建立 MPA 的影响。

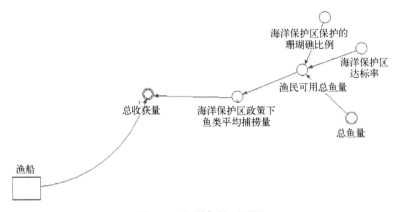

图 3-9　海洋保护区项目

当 MPA 在珊瑚礁的某一个地方建立时，就意味着渔民能够捕到的鱼的数量会更少(因为渔民们被禁止在 MPA 范围内捕鱼)。该模型排除了在 MPA 中增加鱼类资源会增加 MPA 边界附近渔业资源的溢出效应。非线性"平均渔获"功能类似于没有 MPA 政策所能捕获的鱼类。唯一不同的是，在 MPA 政策下，现有的鱼类资源将会较低，因此总收获将比没有 MPA(从而减轻对鱼类的压力)更少。

如果同样数量的渔船现在将在更小的部分礁石上捕鱼，这个项目将加剧另一部分珊瑚礁所面临的额外压力。当 MPA 政策没有在整个珊瑚礁上实施，或者与减少渔民数量的项目相结合时，这个项目将不会像最初预期的那样有效。珊瑚不受保护的部分现在将会面临更大的捕鱼和锚定渔船的压力。

　　MPA 规模的问题是菲律宾许多地方的一个重要问题, 在那里 MPA 项目往往比大型项目更能进行实验。在这个模型中, 假定有 10% 的珊瑚礁受到 MPA 规则的保护(10% 的珊瑚礁可以在珊瑚礁的不同区域之间转换)。由于在整个珊瑚礁区域实施 MPA 几乎是不可能的, 因此项目的有限规模是阻止珊瑚退化的一个巨大障碍。MPA 项目的另一个问题与执行有关。在许多情况下, MPA 项目仅限于环绕在珊瑚礁的一部分, 这标志着珊瑚礁的边界会受到保护。但是, 通常没有对暗礁进行监视, 也没有对珊瑚礁的夜晚进行查探。因此, 渔民仍能在珊瑚礁内捕鱼。一般的问题出现在缺乏支持执行的资金, 或缺乏将当地渔民和人口纳入珊瑚礁区域的决策。假定模型的符合率为 60%, 图 3-10 显示了 10% 和 50% 的海洋保护区对鱼类总存量的影响。从图中可以看出, 在鱼群规划上这是有积极作用的。在这两种情况下, MPA 之外的大部分鱼类将会灭绝, 而只有 MPA 之内的鱼类才能生存。最后到 2040 年, 即使是 MPA 中的鱼类也会因为珊瑚礁完全退化而灭绝。因为鱼群需要珊瑚礁的覆盖保护和产卵, 珊瑚礁灭绝, 鱼类种群将无法生存。

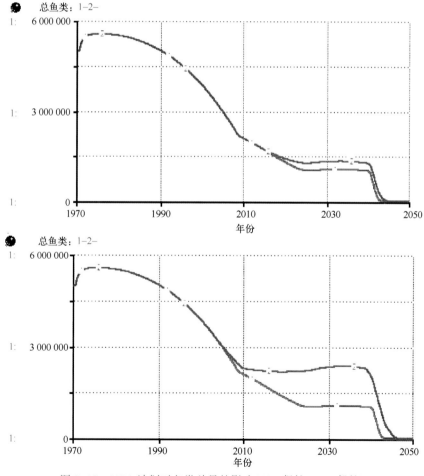

图 3-10　MPA 计划对鱼类总量的影响(10% 保护; 50% 保护)

图 3-11 显示了 50% 的海洋保护区对珊瑚礁和活珊瑚组织的可持续性的影响。为什么 MPA 本身并不是解决珊瑚礁可持续发展问题的"圣杯",模拟揭示了最重要的原因,这将在下一节讨论。

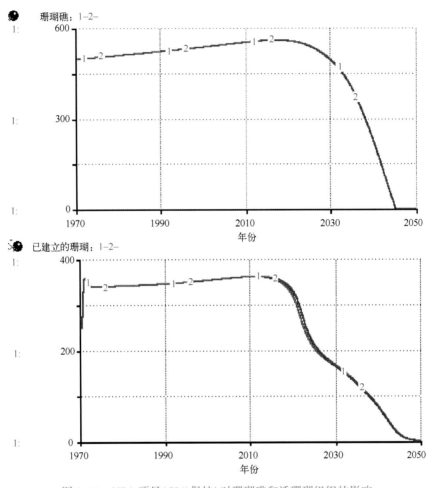

图 3-11　MPA 项目(50%保护)对珊瑚礁和活珊瑚组织的影响

3.4　模拟结果与因果循环图

图 3-12 显示出人工礁石和原生珊瑚结合、珊瑚移植、清除 COTS 以及建立海洋保护区是不可能逆转珊瑚礁的迅速退化的。第二条(红色)线显示的是珊瑚管理项目模拟结果与最现实的结果。而第三条(粉色)线显示的是将人工礁石和珊瑚移植项目增加到 5 hm²/a,再建立 50% 的 MPA 的结果。

可以通过参照图 3-13 所示的因果循环图来理解目前的珊瑚项目失效的原因。

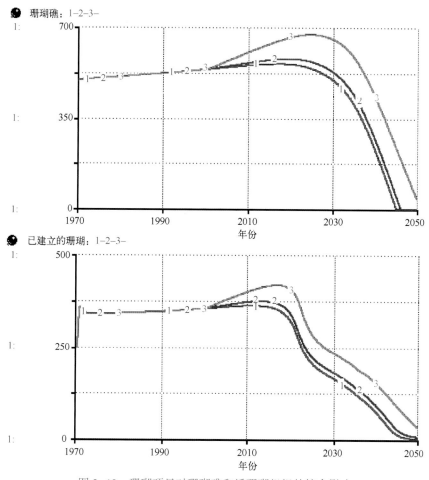

图 3-12　珊瑚项目对珊瑚礁和活珊瑚组织的综合影响

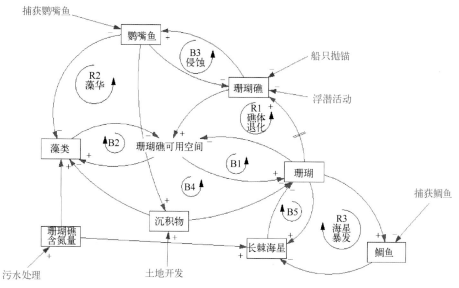

图 3-13　珊瑚礁与旅游业"繁荣发展"因果循环图

目前限制珊瑚项目有效性的最重要因素：

（1）人工礁石项目通过人为地增加珊瑚礁的生长，解决了正反馈循环 R1"珊瑚礁退化"的问题。增加珊瑚礁的规模是为了给新生珊瑚占据更多的空间，然后扮演接着建造珊瑚礁的角色。然而，该项目忽略了正反馈循环 R2"藻华"，藻类生长超过珊瑚生长占据主导地位将导致更多的可用空间被大型藻类取代，而不是活的珊瑚虫。因此，人工礁石项目需要维持，因为那里的自然珊瑚礁有限。此外，人工礁石项目没有考虑到在珊瑚礁上增加锚定和潜水活动的破坏性影响。

（2）珊瑚移植计划面临着与人工礁石计划相同的问题。它专注于 R1 反馈循环，而没有考虑到 R2 的反馈循环。这意味着新生珊瑚必须在健康的条件下人工培养，再被重新安置在珊瑚礁上。然而，当回到珊瑚礁上时，它们将面临来自长棘海星的直接压力（R3"海星暴发"）以及由于藻类的竞争，而降低了新生珊瑚的存活率。

（3）COTS 移除项目减小了活珊瑚组织的压力。然而，它并没有考虑到正反馈回路 R3，在其中鲷鱼较低的拥有量会导致海星的存活率更高。此外，该项目并没有缓解水污染问题，这对海星和大型藻类的生长速度都有促进作用。

（4）MPA 项目通过减少对鹦嘴鱼和鲷鱼的压力来帮助降低藻类（R2）和海星暴发（R3）循环的强度。MPA 项目经常失败的主要原因是，它从局部的角度关注珊瑚礁的健康，而不是考虑整个珊瑚礁。虽然该项目有效地减少了保护区域内的珊瑚礁的压力，但实际上增加了保护区域之外的珊瑚礁的压力。

（5）上述项目的结合对珊瑚礁的健康有一些积极的影响，但随着时间的推移却无法逆转珊瑚礁的快速退化和最终灭绝。这些项目没有考虑到人类对珊瑚礁日益增加的压力，而这些压力非但不会削弱珊瑚礁的快速退化反而会强化反馈回路的主导作用。例如：

①污水处理引起的珊瑚礁含氮量的增加；

②度假村建设引起的珊瑚礁沉积程度不断提高；

③通过锚定和旅游活动对珊瑚礁造成破坏。

第4章　珊瑚礁恢复的方法

本章探讨可能逆转珊瑚退化的政策。前面的章节讲的是构建海洋保护区但是没有为当地居民提供替代生活方式的行为的有害影响。本章讲的是在保护海洋环境的同时，当地人口也能繁荣的积极影响。珊瑚退化的问题与环境条件有关。因此，在探究几个政策之后，本章得出结论：逆转珊瑚退化只在恢复珊瑚礁自然茁壮成长的环境条件下才有可能。

4.1　污水处理

目前解决的问题大多基于问题表面，而忽略问题产生的根本原因。例如，移除COTS与移植珊瑚虫对于为什么COTS和大型海藻可以在礁石上迅速生长：水污染会不会是深层原因。因此，为了使珊瑚项目可持续，它应该包括侧重于恢复珊瑚礁水域中氮含量的政策。由于迁出珊瑚礁周围的所有当地居民和游客无法实现，因此应该提出一种政策，即人口和旅游人数的增长与海水污染相耦合。图4-1提供一个以珊瑚礁为目的的污水处理政策。

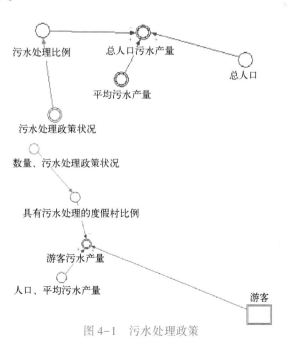

图4-1　污水处理政策

　　一个成功的污水处理系统应该有一个大的或者几个小的且与当地居民和旅游胜地联系在一起的中心污水处理厂。当污水处理政策实施成功的时候，当地居民的处理污水所占比例将达到95%，而未经处理的5%的污水来自于生活在海水上的当地居民。从长远来看，居住在这里的人们可能会在珊瑚礁附近选择一个合理的污水处理系统。此外，当地居民的污水排放必须与污水处理系统连接，这个污水处理系统最好是免费的，并介绍如何使用和为什么使用。重要的是要使这项服务免费，否则，大多数人可能会决定继续用海水处理污水。旅游部门将有可能制定一项能使所有人100%连接到污水处理系统的政策。为了使这项政策取得成功，必须有严格的规章制度，使每个度假胜地必须与污水处理系统相连。对于度假胜地来说，这项服务可以向他们的客人收取费用，因此度假村本身将从更好的环境中获得经济利益。定期对度假村进行检查是非常重要的，并且对不符合规定的度假村进行巨额罚款。图4-2显示了这一政策对活珊瑚组织和大型藻类竞争地位的积极影响。

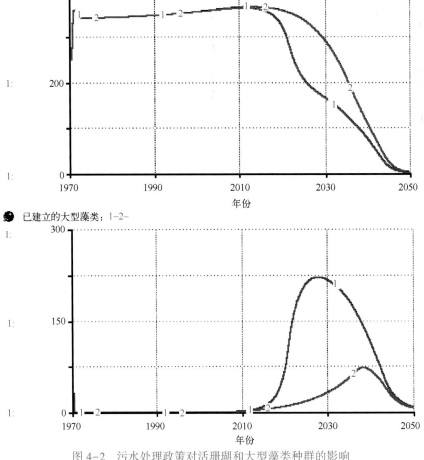

图4-2　污水处理政策对活珊瑚和大型藻类种群的影响

4.2　可持续性浮标、玻璃天花板和有机防晒霜

如前所述，造礁珊瑚需要较长的时间才能形成礁底，同抛锚以及游客游览造成的快速破坏相比，采取措施防止这些损害可以被看作是"低垂的果实"。提出的第一项政策是使用可持续性浮标技术代替渔船和游船的单独锚定（图 4-3）。

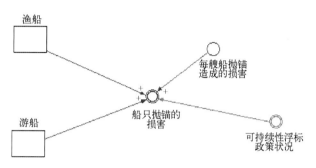

图 4-3　可持续性浮标政策

当可持续浮标政策成功实施后，船锚的损害将成为"0"。最著名的可持续锚定的例子是利用一个"系泊浮标"：一种浮标，可以让船只附着在珊瑚礁上，这样它们就不需要在珊瑚礁上抛锚了。系泊浮标安全地附着在海床上而不破坏礁石。由于这种浮标技术价格昂贵，常有被偷窃的危险。然而，结合后来要讨论的 MPA 执法政策，盗窃的风险可以得到控制。此外，还有其他更便宜的替代品（浮式浮标），可以防止船只抛锚造成的损害，并降低被盗的风险。

第二项政策目的是防止游客在跳岛活动（island hopping activities）中造成的直接破坏，是在岛上建造玻璃天花板的船只（图 4-4）。

根据这一政策，预计进入水中的游客人数将减少到之前的 10%，因为大多数人现在会选择从船内观看珊瑚礁和鱼。这样，他们就可以防止水母蜇刺，听向导解释礁石上有什么可以看到的故事。在美国佛罗里达州的海洋保护区，带玻璃底的旅游船已经成功运营。

当玻璃天花板船政策成功实施时，再健全一

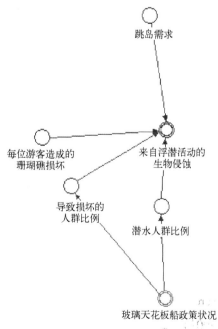

图 4-4　玻璃天花板船政策

个政策：想去水里潜水或者浮潜的人需要支付额外费用。这些人必须阅读并签署一份预防协议，使他们有义务履行珊瑚礁的环境条例（如不触及生态系统）。若潜水或浮潜的人胡作非为，他们将会被罚款。有了这一政策，可以假定造成损害的人的份额将从20%急剧下降到2%，因为大多数经验丰富的游泳者一开始就不会下水，那些去的人必须小心，不要破坏他们的约定，遵从适当行为的契约协议。他们潜水前必须阅读协议，他们也必须涂抹有机（珊瑚友好）防晒霜才能入水。尽管防晒霜的作用已被排除在模型之外，但这项措施将对珊瑚礁的可持续性产生额外的积极影响。

图4-5显示了这两项政策对珊瑚礁基质可持续性的巨大影响，减少了旅游活动对珊瑚礁的迅速破坏。

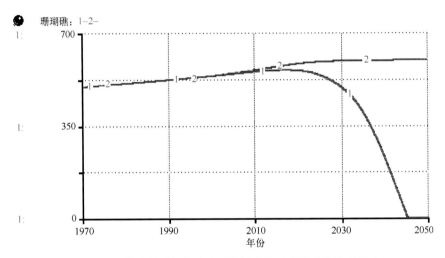

图4-5　可持续性浮标和玻璃天花板政策对珊瑚礁基质的影响

4.3　泥沙流失的措施

当珊瑚礁基底遭到直接破坏时，应采取另一项以珊瑚礁和活珊瑚组织的自然生长率为重点的政策。随着旅游业的繁荣，建筑活动激增，珊瑚礁上的沉积物含量很高，对珊瑚的增长率产生了负面影响。图4-6中提出了沉积物处理的建议，一种比较划算的建筑隔离措施的活动。

拟议的政策包括实施建造规例，使在建造和拆卸度假村时必须使用淤泥屏（silt screens）。淤泥屏是人工制造的屏障，它能防止土地开发过程中泥沙的侵蚀（威尔金森，2001）。淤泥屏政策成功制定后，建成或拆除的度假区所产生的泥沙将减少100倍，大致为0.0001 hm²。为了使政策成功，必须有严格的条例，使度假区开发商必须以适当

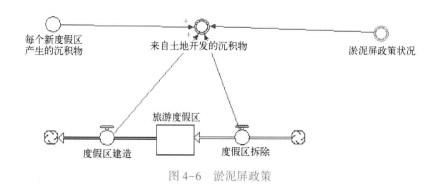

图 4-6　淤泥屏政策

的方式使用淤泥屏。这包括施工完成后向内陆地区运输的泥沙。淤泥屏政策应该伴随着法规一起实施，在海滨 30 m 范围内的建筑被视为违法建筑。

图 4-7 显示了淤泥屏政策(红线)对珊瑚礁生产力的额外影响以及已经实施的浮标和玻璃天花板政策(蓝线)。在淤泥屏政策的引导下，既防止了珊瑚礁的沉积，又不妨碍旅游业的发展。

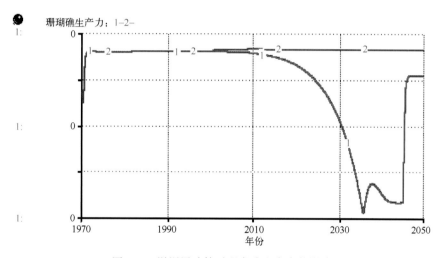

图 4-7　淤泥屏政策对珊瑚礁生产力的影响

4.4　有地方执法的海洋保护区

虽然建立海洋保护区的总体设想可以被认为对珊瑚礁的可持续性非常有利，但是目前对实现它们的有效性有一些重要的限制。如前所述，目前的 MPA 政策没有充分考虑到为珊瑚礁渔民创造替代生计。因此，MPA 政策有预料之外的后果，即将受保护礁的额外负担转移到暗礁的未受保护部分。此外，MPA 政策的执行情况欠佳，从而导致在保护区内仍存在捕鱼活动。为了充分发挥 MPA 政策的潜力，建议通过增加一个程序来补充目前的 MPA 计划。首先，减少暗礁上活跃渔民的数量是很必要的。这可以通过雇用当地渔民在 MPA 上进行监视活动来完成。这个项目如图 4-8 所示。

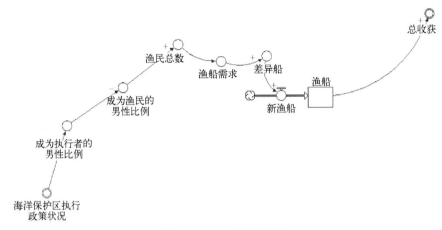

图 4-8　MPA 执行政策

当有一项政策在目的地建立地方环境执法时，当地人成为执法者的部分为 10%。这一部分劳动力将由当地政府或国家/地区环境办公室雇用，执行已实施的规章，特别是由海洋保护区制定的规章制度。执法人员将监视海洋保护区的边界以防止非法捕鱼。此外，他们还将强制遵守污水处理、建造和跳岛条例。

执行计划将减少暗礁上活跃渔民的数量，从而减少因未受保护的暗礁增加压力而产生的意外后果。此外，执法方案有两个额外的积极影响，如图 4-9 所示。

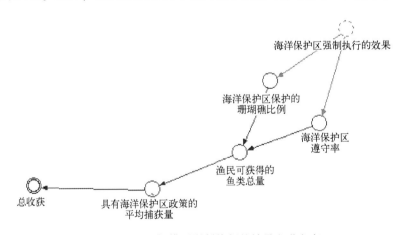

图 4-9　MPA 规模下强制执行的效果和遵守率

第一，当更多的当地渔民受雇于在环境执法部门工作时，假定 MPA 项目的规模可以增加，因此将有更多的地方支持该政策。第二，随着当地渔民在环境执法方面工作，预计遵守率会增加，因为 MPA 计划有了地方的支持。

　　图 4-10 比较了 MPA 计划下的鱼类总数，没有执行(蓝线) 和 MPA 计划并辅以当地强制执行(红线)。虽然没有其他拟议的珊瑚计划，鱼类种群仍将灭绝，但是补充 MPA 计划与地方执法计划具有潜在的巨大的积极效果。

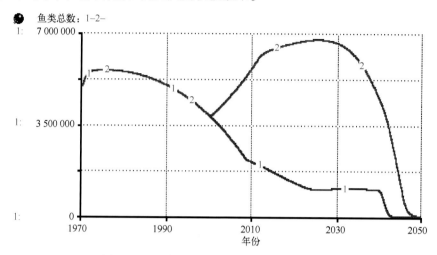

图 4-10　强制执行 MPA 对鱼类总存量的影响

4.5　模拟结果与因果循环图

　　如图 4-11 所示，模拟说明了珊瑚礁发育目标成为收获人类发展的积极利益并且没有对环境产生负面影响。模拟显示珊瑚礁的可持续行为，如珊瑚计划，同上所述，都是从 2000 年初开始实施的。

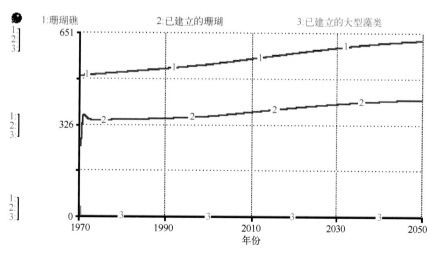

图 4-11　模拟珊瑚计划导致珊瑚礁可持续生长(100% MPA)

图 4-12 有助于解释为什么珊瑚礁模拟提出的珊瑚礁方案与珊瑚礁没有人类压力的结果相似。拟议的珊瑚计划不是直接干预自然系统，而是侧重于减轻人类系统中产生的环境压力。因此，随着人类和旅游业发展受到环境影响的作用，珊瑚礁能够再次生长，就如珊瑚礁周边没有人类影响一样。

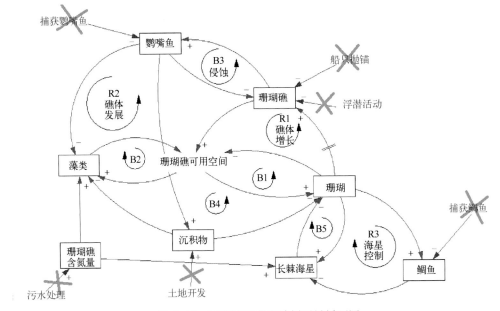

图 4-12　可持续珊瑚礁计划因果循环图

因此，消除人类压力意味着驱动珊瑚系统的 3 个正反馈回路将切换回来。进入人们想要的方向：

（1）从"礁石衰变"到"礁石生长"；

（2）从"藻华"到"珊瑚优势"；

（3）从"海星暴发"到"海星控制"。

如图 4-13 所示，模拟中有另一个有趣的发现：珊瑚礁的生长是反直觉的，即当 MPA 仅为 50%而不是 100%（在与其他拟议的珊瑚方案相结合）时，能够更快地生长。

然而，从图 4-14 可以看出，珊瑚礁的增长速度较快，伴随着珊瑚礁上大型藻类的大量占领。具有较高的大型藻类的入住率和珊瑚礁生长率，可以通过在 2010 年后，鹦嘴鱼灭绝后来解释。鹦嘴鱼不仅在大型藻类吃草，在礁底上也吃。模拟结果显示，在没有其他压力的情况下，没有鹦嘴鱼的珊瑚礁可能增长得更快。然而，这是一个非常有争议的结论，需要进一步研究。实施 50% MPA 的另一个问题是，当旅游发展至 2040 年前后时，人口的增长将导致劳动力变回渔民。从模型的模拟结果可以看出，在 2050 年后会导致鲷鱼灭绝。这可能会对 COTS 的现存量带来进一步的后果。然而，这超出了

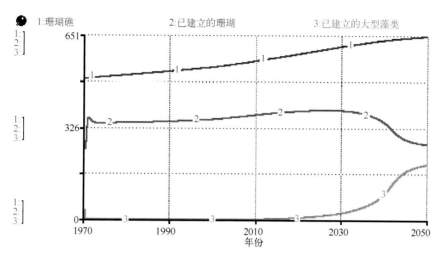

图 4-13　模拟珊瑚计划导致珊瑚礁可持续生长(50% MPA)

模型界限的范围,但它很可能假定最好实现 100%MPA。然而在这种情况下,当旅游业发展到其承载能力并不能在礁石上捕鱼时,当地居民会发生什么情况?

　　下一章将通过提出另一种发展模式来探讨这个问题,该模式可适用于仍处于旅游业发展初期的珊瑚目的地。

4.6　新旅游目的地的另一种发展模式:"寄宿家庭"

　　正如前几章所讨论的那样,"传统"的旅游增长模式可以为当地居民带来经济利益,主要体现在服务部门的就业方面。然而,旅游业的增长也会导致更多的商业熟练劳动力的迁入,从而导致当地居民就业机会减少。当基本服务和产品价格同时上**涨时**,旅游业的增长可能会导致贫困而不是减少贫困。虽然探究社会经济动态超出了这本书的范围,但是本章将探索一种替代的旅游增长模式,目的是改善当地居民的包容性。

　　并非以服务业的就业为主,也可以把当地居民作为旅游业增长的中心。这可以通过发展旅游住宿在当地人家里做寄宿家庭而不是经常被(非本地)项目开发人员利用的度假胜地。由于度假胜地的大部分利润不会给当地居民,因此,珊瑚环境带来的积极好处是非当地人收获的,而当地人却受到环境退化的影响。图 4-14 显示了如何通过发展寄宿家庭住宿模式,游客的增长不再受度假胜地数量的影响,而是由目的地的居民间接推动的。

　　因此,接受新游客的能力将随着当地人口的增长而增加。这可以防止在许多地方经历迅速的旅游热潮时,导致的其他省份大量的劳动力移民。图 4-15 显示了目的地的游客数量是如何随着当地人口的增长而增加的。

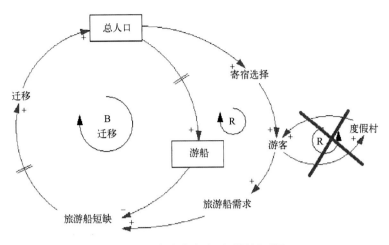

图 4-14　寄宿家庭发展因果循环图

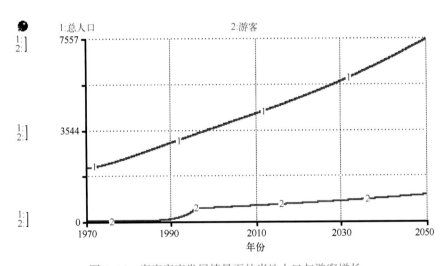

图 4-15　寄宿家庭发展情景下的当地人口与游客增长

　　寄宿家庭场景下的模型结构如图 4-16 所示。假设在目的地的 50% 的当地家庭愿意并且能够参加寄宿家庭经济计划。

　　与 MPA 实施方案类似，发展寄宿家庭经济模式将意味着更多的当地劳动力可以在寄宿家庭工作而不是成为渔民（见图 4-17）。据推测，成为寄宿家庭主人的男性劳动力的比例将达到 20%。在寄宿家庭经济中，全家人都有责任为游客提供服务，如做饭、洗衣、打扫、翻新、导游活动、运输活动等。虽然在这种情况下，旅游业的增长要小得多，但主要的好处是，大部分收入将进入当地居民的口袋而不是进入外部投资者手中。

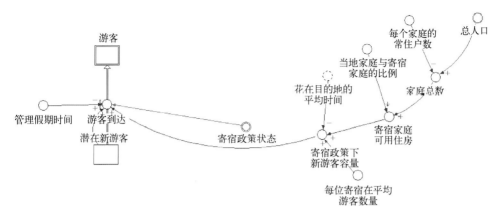

图 4-16 寄宿经济模式结构

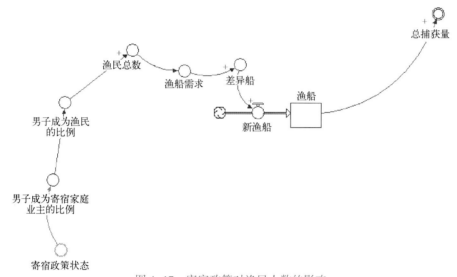

图 4-17 寄宿政策对渔民人数的影响

　　寄宿家庭经济模式的发展有望防止传统旅游增长模式下产生的巨大环境压力。图
4-18 显示，即使没有以前讨论过的其他政策（如污水处理和可持续性浮标），珊瑚礁和
鱼类种群也能可持续增长。不过，建议设立一个旅游税基金，在下一章讨论，以发展
其他可持续珊瑚计划。

　　寄宿家庭旅游模式的另一个积极后果可能是消除 Pareto 原则，菲律宾的旅游目的
地中有一小部分在旅游增长中占不成比例的份额。相反，游客们将更加平均地分布在
菲律宾广泛的珊瑚目的地，其中大部分游客仍然不知道。当一个更大的劳动力份额转
变为寄宿家庭供应商时，将需要进口鱼类来弥补收获与鱼类需求之间日益扩大的差距
（见图 4-19）。当地居民可以进口鱼为他们的寄宿客人烹饪，他们赚的钱可以支付他们
自己买鱼的费用。

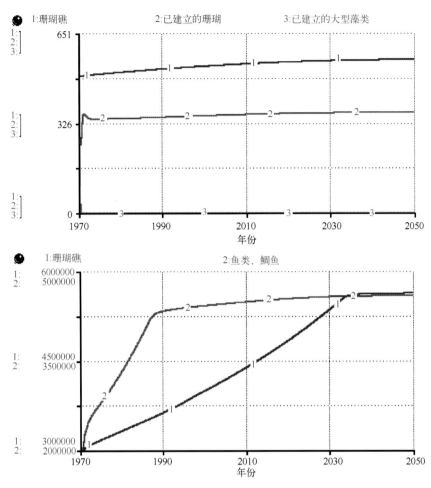

图 4-18　寄宿家庭发展情景下的珊瑚礁和鱼类生长

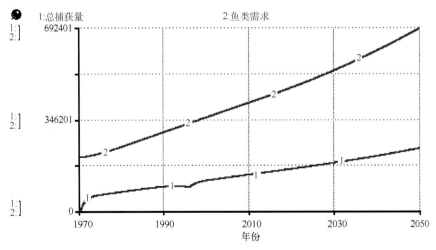

图 4-19　寄宿家庭发展情景下的捕获量与鱼类需求

第5章 实 施

现在已经提出了行之有效的珊瑚项目，下一步是讨论在实施过程中可能遇到的障碍。项目实施的主要障碍是提出的珊瑚礁项目的成本和有关融资的可能性。相对于传统的旅游增长模式，这几个珊瑚项目，可以以相对较低的成本和高回报的环境效益来实现：预防沉积的泥沙屏障、环保的浮标、玻璃天花板的船只和涂抹绿色有机防晒霜。另一方面，实施污水处理项目，也需要一笔相对较大的投入。

5.1 融资问题：完善旅游业税收制度

在菲律宾的许多受欢迎的旅游目的地，环境税收项目已经实施。然而，目前有如下3个主要问题阻碍了此类税收项目的成功实施。

(1)环境税是相对较低的。在长滩岛，你只需要支付1.5欧元的环境费用就可进入轮渡码头。在埃尔尼多岛，当你进行跳岛游之旅的时候你只需要支付8欧元的环境费用。在其他大多数地方，都没有环境费用或者环境费用在5欧元以下。

(2)尽管环境税相对较低，但它仍然引起了众多游客的不满。因为收费员经常在游客不方便的时候收税，例如当游客在一个码头等待他们的行李时，他们需要支付额外的费用。或者收费员是在游客去旅游之前收税，游客没有被告知他们必须支付额外的费用。

(3)环境资金没有得到有效利用：

①资金没有或只有部分被用在环境保护上；

②花费在珊瑚项目上的资金仅仅只是缓解了问题的表象；

③正如本书所讨论的那样，这些珊瑚项目必须一直持续下去，因为它们不能从根本上解决问题。

为了提高菲律宾环境税收计划的效率，建议调整税收程序。首先，建议向游客收取费用应当记在度假村的账单上而不是当游客到达旅游地就向他们收费，那样的话，这个过程就会使游客感到更加方便。其次，因为菲律宾独特美丽的自然环境，向游客收取的费用应该增加。通过旅游税对游客的透明度的增加，他们将会减少反感并且明白为什么要收这个税以及这个税收会被如何使用。与在客运码头收取的费用相比，通过度假村账单上收取的费用看起来更低。可能有必要在环境费用的额度方面制定一个统一的协议，以防止某些地方通过降低收取费用来吸引游客。当玻璃天花板的计划实施后，将对进行潜水或浮潜活动的游客收取额外的环境费用。

如果一个目的地决定发展家庭旅游业，它可以降低收取的环境费用，因为旅游业繁荣带来破坏性后果的风险会降低。开发一种混合模式可能会很有趣，少数有高额旅游税的昂贵的旅游胜地与民宿一起可供选择。在这个模型里边，旅游税可以被用来发展家庭旅游。

虽然较高的旅游税将会增加拟定的珊瑚礁项目实施的成功率，但其他融资方案对税收的补充也是有必要的。建议在旅游地收取必要的费用之前先开发中央污水处理系统。可能需要通过国家和国际发展项目与贷款筹措资金。

5.2 成功实现：当地的支持

要提高实施的成功率，当地政府和居民在决策过程中的作用都是很重要的。例如，当一个旅游地在考虑实施海洋保护区计划时，应该与当地渔民合作，以保证从旅游开发到环境保护的工作能顺畅进行。这种合作应该从一个教育项目开始，本书中这种模型的发展应该被用来教育当地居民，教给他们有关珊瑚礁动态变化的知识以及捕捞鱼类在珊瑚礁退化中的作用。在这个教育项目中，重要的是向当地居民展示他们能从这个拟定的项目中获得什么好处。例如，通过为当地居民提供一个"免费的"污水处理系统和创造新的就业机会，使当地居民获得社会上和经济上的双重效益。

5.3 减少干预的不确定性

在本书提出的政策中，干预的重心将从自然系统转向人类系统。对自然系统的干预常常涉及更多的风险性和不确定性。因为自然生态系统本身最清楚如何优化环境，直接干预还可能对自然演变过程造成破坏。例如，人工礁石可能包含与珊瑚礁自然演变过程有关的物质，以及杀死长棘海星但没有移除它们可能会使它们的数量增多而不是减少。在本书中提出的珊瑚礁项目主要是基于预防原则提出的。由于我们不清楚鱼类的留存量与污染是如何对自然系统进行干预的，因此最好限制我们对这些因素所造成的负面影响。通过这种方式，珊瑚礁将能够以自身的自然机制来解决大部分问题。

5.4 讨论

本书探讨了一个假说：即使是在不面临气候变化、自然灾害和其他破坏性力量的珊瑚礁上，快速退化仍然是最有可能出现的一种结果。在本书中，模拟了一种基于科学和新闻论据基础上的模型，该模型是关于菲律宾珊瑚礁的生长和退化状况的。因为这个模拟还在探索阶段，它包括：

(1) 关于生态变化和联系的详细科学信息；

(2) 关于生态变化和联系与有限的科学证据和数据之间的新因果关系；

(3) 关于人类发展与生态变化相互作用的新因果关系。

模拟的结果和一开始来自于菲律宾珊瑚礁的证据都支持这个假设。这可能会对我们思考世界上许多珊瑚礁的可持续性造成很大影响。这项研究结果延续了之前的发现，即靠近人类栖息地的珊瑚礁似乎比远离人类栖息地的珊瑚礁要承受更大的压力。该研究已经明确了人类发展与珊瑚礁日益增长的压力相互作用的驱动力。通过了解这些驱动因素，该研究能够为人类发展造成珊瑚礁退化的过程提供干预。

应该说明的是，本研究的结果将需要进一步检验，以增加对该模型结构、模拟结果和假说的可信度。模型中使用的许多关系和参数都基于不科学的假设。因此，模拟结果不应用于预测。主要的问题在于，如果对因果关系和参数值进行更科学的校准能否改变珊瑚礁的基本行为。比如，它改变了这种由 3 个正反馈回路驱动的珊瑚礁生长和退化的方式。特别应该建议研究添加海胆、大型捕食者种群以及鱼类从珊瑚礁之外转移到这个模拟的模型之中的影响。

这项研究的主要贡献在于加深了对珊瑚礁生态过程是如何相互关联，并产生复杂的以及意料之外的行为的理解。这本书解释了珊瑚礁的退化，在导致珊瑚生长和死亡的相同过程中（例如反馈回路）主导地位改变。已经确定，导致主导地位改变最重要的是人类驱动因素。这种对系统水平的理解有助于帮助我们明白哪些政策能够最有效地扭转珊瑚礁的退化。

本研究结果既有理论意义，也有实践意义。在理论层面上，模型和假设可以作为一个通用的理论框架来确定需要做进一步研究的领域。因此，该模型在决定未来的研究领域方面可以激发更有效的分配机制。在实践层面上，本研究结果可以用来为当地决策者制定培训计划，以增加他们对珊瑚礁生长过程的理解，以及他们的决定如何与这些过程相作用。然后，当地决策者能够使用该模型结构和模拟来分析珊瑚礁对当地的影响以及在没有实施项目来增加珊瑚礁的可持续性的情况下，珊瑚礁将发生什么。这项研究结果特别适用于新的旅游地，建立一种预防珊瑚礁周围的人类发展的方法，以防止像更发达的旅游地经历的那样带来破坏性的后果。

　　未来的研究应该通过提高其因果关系和参数值的科学准确性来提高模型结构和模拟结果的可信度。对世界各地的其他旅游目的地，如加勒比海地区，进行进一步的研究，试着对本书中假定的假设或部分假设提出质疑，这也是有益的。最后，我们可以进行实验研究，将健康的珊瑚礁中最重要的变量拿出来，放在已经实施本书中建议的珊瑚项目的珊瑚礁之中和没有实施珊瑚项目的珊瑚礁之中进行比较。如果实验结果显示出明显的差异，那么说明这个实验的珊瑚礁就是其他想要成功维持珊瑚礁环境的旅游地的典范。

参 考 文 献

Barlas, Y. (1996). Formal aspects of model validity and validation in system dynamics. System Dynamics Review, 12(3), 183-210.

Birkeland, C. (1997). Life and Death Of Coral Reefs. Springer Science & Business Media.

Birrell, C., Mccook, L., Willis, B., & Diaz-Pulido, G. (2008). Effects Of Benthic Algae On The Replenishment Of Corals And The Implications For The Resilience Of Coral Reefs. Oceanography and Marine Biology: An Annual Review, 46, 25-63.

Buddemeier, R. W., Kleypas, J. A., & Aronson, R. B. (2004). Coral reefs & Global climate change: Potential Contributions of Climate Change to Stresses on Coral Reef Ecosystems. Arlington, Virginia.

Butler, R. (2009). Tourism in the future: Cycles, waves or wheels? Futures, 41, 346-352.

Cesar, H., Burke, L., & Pet-soede, L. (2003). The Economics of Worldwide Coral Reef Degradation. Atlantic, 14, 24.

Conde Nast. (2015). Top 30 Islands in the World: Readers' Choice Awards 2014. Retrieved July 24, 2015, from http://www.cntraveler.com/galleries/2014-10-20/top-30-islands-in-theworld-readers-choice-awards-2014/30.

Danovaro, Roberto; Bongiorni, Lucia; Corinaldesi, Cinzia; Giovannelli, Donato; Damiani, E. (2008). Sunscreens cause coral bleaching by promoting viral infections. Environmental Health Perspectives, (April), 441-447.

De Wreede, R. E. Klinger, T. (1990). Reproductive Strategies in Algae. In J. L. Doust & L. L. Doust (Eds.), Plant Reproductive Ecology (pp. 267-281). Oxford University Press.

Department of Environment and Natural Resources. (2015). Technical report "Monitoring Coral Reef Rehabilitation sites": General Luna (Siargao Island).

Diaz-Pulido, G., McCook, L. J. (2008). Environmental Status: Macroalgae (Seaweeds). Retrieved June 19, 2016, from http://www.gbrmpa.gov.au/corp_site/info_services/publications/sotr/downloads/SORR_oalgae.pdf.

Downs, C. A., Kramarsky-Winter, E., Segal, R., Fauth, J., Knutson, S., Bronstein, O., ⋯ Loya, Y. (2016). Toxicopathological Effects of the Sunscreen UV Filter, Oxybenzone (Benzophenone-3), on Coral Planulae and Cultured Primary Cells and Its Environmental Contamination in Hawaii and the U. S. Virgin Islands. Archives of EnvironmentalContamination and Toxicology, 70(2), 265-288.

Ford, A. (2009). Modeling the Environment (Second). Island Press.

Forrester, J. W. (1961). Industrial dynamics. New York: Wiley.

Forrester, J. W. (1969). Urban Dynamics. Pegasus Communications.

Fortes, M. D. (2014). Presentation on tourism development Boracay.

Glud, R. N., Eyre, B. D., & Patten, N. (2008). Biogeochemical responses to mass coral spawning at the Great Barrier Reef: Effects on respiration and primary production. Limnology and Oceanography, 53.

Godbold, N. (2009). Tourism woes in Borocay. Action Asia. Retrieved from http://www. globalcoral. org/_ oldgcra/Boracay News. pdf.

Gonzales, B. J. (2015). Sustainable Coral Reef Ecosystem Management in Bacuit Bay, El Nido and outer Malampaya Sound, Taytay, Palawan. Puerto Princesa City, the Philippines.

Great Barrier Reef Marine Park Authority. (2014). Crown-of-thorns starfish control guidelines. Townsville.

Harrison, P. L. (2011). Sexual reproduction of scleractinian corals. In Z. Dubinsky & N. Stambler (Eds.), Coral Reefs: An Ecosystem in Transition (pp. 59-85). Springer Publishers. http://doi. org/10. 1007/ 978-94-007-0114-4.

Hoey, A. ., & Bellwood, D. R. (2008). Cross-shelf variation in the role of parrotfishes on the Great Barrier Reef. Coral Reefs, 27(1), 37-47.

Hoey, J., & Chin, A. (2004). Crown-of-thorns starfish. Retrieved June 22, 2016, from http://www. gbrm-pa. gov. au/corp_ site/info_ services/publications/sotr/cots/index Homer, J. B. (1996). Why We Iterate: Scientific Modeling in Theory and Practice. System Dynamic Review, 12(1), 1-19.

IPCC. (2014). Climate Change 2014: Impacts, Adaptation, and Vulnerability. Geneva, Switzerland.

Jackson, J., Donovan, M., Cramer, K., & Lam, V. (2014). Status and Trends of Caribbean Coral Reefs: 1970-2012. Gland, Switzerland.

Lapointe, B. E. (1997). Nutrient thresholds for bottom-up control of macroalgal blooms on coral reefs in Jamaica and southeast Florida. Limnology and Oceanography, 42(5, part 2), 1119-1131.

Mann, K. H. (1982). Ecology of coastal waters: a systems approach. University of California Press.

McCook, L. J., Jompa, J., & Diaz-Pulido, G. (2001). Competition between corals and algae on coral reefs: A review of evidence and mechanisms. Coral Reefs, 19, 400-417.

Meadows, D. H. (1980). The Unavoidable A Priori. In J. Randers (Ed.), Elements of the System Dynamics Method (pp. 23-57). Waltham, MA: Pegasus Communications.

Meadows, D., Randers, J., & Meadows, D. (2004). Limits to Growth: The 30-Year Update. Chelsea Green Publishing.

Mumby, P. J. (2009). Herbivory versus corallivory: Are parrotfish good or bad for Caribbean coral reefs? Coral Reefs, 28(3), 683-690.

Mumby, P. J., Hedley, J. D., Zychaluk, K., Harborne, A. R., & Blackwell, P. G. (2006). Revisiting the catastrophic die-off of the urchin Diadema antillarum on Caribbean coral reefs: Fresh insights on resilience from a simulation model. Ecological Modelling, 196(1-2), 131-148.

Municipality of El Nido. (2016). Brief Municipal Profile of El Nido. El Nido.

Murchie, G. (1999). The Seven Mysteries of Life: An Exploration in Science & Philosophy. Houghton Mifflin Harcourt.

National Geographic. (2015). Coral. Retrieved September 10, 2015, from http://animals. national-geographic. com/animals/invertebrates/coral/National Geographic. (2016). Parrot fish: Scaridae. Retrieved August 20, 2016, from http://animals. nationalgeographic. com/animals/fish/parrotfish/.

National Statistics Office. (2008). Philippines. Retrieved September 1, 2016, from https://dhsprogram. com/pubs/pdf/SR175/SR175. pdf.

Nyström, M., Folke, C., & Moberg, F. (2000). Coral reef disturbance and resilience in a human-dominated environment. Trends in Ecology and Evolution, 15(10), 413-417.

O'Leary, J. K., Potts, D., Schoenrock, K. M., & McClahanan, T. R. (2013). Fish and sea urchin grazing opens settlement space equally but urchins reduce survival of coral recruits. Marine Ecology Progress Series, 493, 165-177.

Palawan Council for Sustainable development. (2006). In-depth survey report on coastal/marine ecosystem for El Nido municipality. Puerto Princesa, the Philippines.

Philippine Commission on Women. (2014). Population, families and household statistics. Retrieved September 1, 2016, from http://www. pcw. gov. ph/statistics/201405/population-families-and-household-statistics.

Philippine Statistics Authority. (2011). Life Expectancy at Birth of Women. Retrieved September 1, 2016, from https://psa. gov. ph/content/lifeexpectancy-birth-women.

Popper, K. R. (1934). The Logic of Scientific Discovery (Second). New York: Routledge.

Province of Palawan. (2014). Coron-Busuanga-Culion Sustainable Tourism Circuit Development. Quezon City, the Philippines.

Richardson, G. P. (1999). Feedback Thought in Social Science and Systems Theory. Pegasus Communications.

Rifkin, J. (2014). The Zero Marginal Cost Society: The Internet of Things, the Collaborative Commons, and the Eclipse of Capitalism. St. Martin's Press.

Rogers, C. S. (1990). Responses of coral reefs and reef organisms to sedimentation. Marine Ecology Progress Series, 62, 185-202.

Sheppard, C. R. C., Davy, S. K., & Pilling, G. M. (2009). The Biology of Coral Reefs. OUP Oxford.

Sterman, J. D. (2000). Business Dynamics: Systems Thinking and Modeling for a Complex World. McGraw-Hill Education.

Sterman, J. D. (2002). All models are wrong: reflections on becoming a systems scientist. System Dynamics Review, 18(4), 501-531.

Sterman, J. D. (2012). Sustaining Sustainability: Creating a Systems Science in a Fragmented Academy and Polarized World. In M. Weinstein & R. E. Turner (Eds.), Sustainability Science: The Emerging Paradigm and the Urban Environment (pp. 21-58). Springer.

Szmant, A. M. (2002). Nutrient Enrichment on Coral Reefs: Is It a Major Cause of Coral Reef Decline? Estuaries, 25(4b), 743-766.

Talbot, F., & Wilkinson, C. R. . (2001). Coral Reefs, Mangroves and Seagrasses: A Sourcebook for Managers. Australian Institute of Marine Science.

UNEP. (2006). Marine and coastal ecosystems and human well-being: A synthesis report based on the findings of the Millennium Ecosystem Assessment.

UNEP. (2011). Towards a Green Economy: Pathways to Sustainable Development and Poverty Eradication. Sustainable Development.

University of Michigan. (2016). Acanthaster planci: crown-of-thorns starfish. Retrieved August 26, 2016, from http://animaldiversity.org/accounts/Acanthaster_ planci/.

UNWTO. (2015). Tourism Highlights. Madrid, Spain.

Viles, H., & Spencer, T. (1995). Coastal Problems: Geomorphology, Ecology and Society at the Coast. Routledge.

Walker, B., & Salt, D. (2012a). Resilience Practice: Building Capacity to Absorb Disturbance and Maintain Function. Island Press.

Walker, B., & Salt, D. (2012b). Resilience Thinking: Sustaining Ecosystems and People in a Changing World. Island Press.

Willoughby, L. (2015). As Sea Stars Die, New Worries About Urchins. Retrieved September 8, 2016, from http://news.nationalgeographic.com/2015/03/150401-urchins-seastars-monterey-bay-california-animals/.

Wood, R. (1999). Reef Evolution. Oxford University Press.

附录 A 模型测试

珊瑚礁模型在建模过程中经过迭代测试，最终版本的结果由以下测试得出：

(1)测试模型的理论；

(2)测试模型现实应用；

(3)测试模型结构中的模型反应。

根据 Popper(1934)，测试模型将无法证实或验证关于珊瑚礁系统如何工作的假设。测试主要侧重于试图否定模型(或模型的一部分)及其对珊瑚礁现实生活行为产生的假设。由于模型的主要部分提出了人类环境与附近珊瑚礁之间的因果关系的假设，科学家和决策者将调整模型参数和种群值以适应其特定的"当地"情况，并且能够检测这个假设。这样，世界各地珊瑚礁的实际生存状况将成为辨别模型假设的主要实验。此外，在模型结构中描述的因果关系和反馈可以在实验室的实验中进行测试、否定或改进。必须承认，在这个阶段，该模型不符合科学模式，而只是一个探索性模型(Homer 1996)。许多关于珊瑚礁环境关系的假设已经形成，但很少或根本没有经验性的基础。因此，在实践和实验中对模型的进一步测试必然会使模型有小部分的误差。然而，这些新见解可以在更准确的模型版本中被假设。在这方面，接纳任何新版本的模型总是以当时的知识状态为条件。

由于所有模型的定义都是错误的，因此基于与其目的相关的有用性验证模型更为重要(Sterman，2000)。本书的目的是增加对菲律宾珊瑚礁退化的一般动态的了解。基于此目的，该模型的主要目标是获取和描述已被确定为菲律宾珊瑚礁退化最主导因素的因果关系。因此，该模型不包括可能影响珊瑚礁环境的若干特定的个体和有趣的关系。

后面将描述已经用于评估模型质量的检验和已经提出的动态假设。检验的选择是基于系统动力学领域主要创始人的建议(Barlas，1996；Forrester，1961；Sterman，2000，2002)。

附 A.1 边界充分性检验

本书提出的主要假设是，即使在没有面临气候变化的环境压力下的珊瑚礁状况，由于目前的发展，珊瑚礁快速退化是极有可能的结果。然而，这并不意味着气候变化对珊瑚礁可持续性影响是不重要的。气候变化专门委员会(2014)总结了珊瑚礁在气候变化方面面临的主要问题。由于海温升高导致的珊瑚白化、从大气中吸收二氧化碳导致海洋酸化和海平面上升对珊瑚礁的影响是今后几年的重要影响。此外，较高的海水温度也可能导致台风频繁发生，这已经成为菲律宾珊瑚礁面临的重大威胁。

因此，很明显，将气候变化排除在模型之外是有关模型的边界选择的主要问题之一。以下4个原因解释了为什么将气候变化排除在外。

(1)潜在的决定因素是，渔业和旅游业以气候变化为借口来搪塞珊瑚礁的退化，而当地的驱动力实际上是问题产生的主要原因(Jackson et al.，2014)。

(2)有证据表明，当地压力减小的地区珊瑚礁覆盖面积迅速增加(如MPA)，同时气候变化影响仍在恶化。改善当地珊瑚礁的状况可能会增加其应变能力，以应对气候变化引起的一系列变化。

(3)没有气候变化的影响，模型中的模拟已经导致珊瑚礁的快速退化。在模型中加入气候变化或许不会明显地改变模型的行为，但很有可能会加速珊瑚礁的退化。

(4)扩大模型范围不会改变政策建议，因为气候变化影响不在政策制定者的直接控制之内。

除了排除气候变化外，其他几个重要因素也被排除在模型之外，还有一些重要因素则不包括在模型的内生结构中。附表A-1表明了模型范围的概况，一些因素将被简短地解释。

附表A-1 模型范围概况

内在因素	外在因素	排除的因素
活珊瑚组织	海水营养	珊瑚白化(温度)
珊瑚礁基底	产卵频率	海洋酸化
沉积物	活珊瑚死亡率	海平面上升
大型藻类	大型藻类死亡率	自然灾害(台风)
鹦嘴鱼	鹦嘴鱼死亡率	珊瑚疾病
长棘海星(COTS)	鲷鱼死亡率	藻华
鲷鱼	旅游地可利用土地	海胆
种群(迁徙)	旅游业预计增长率	大型捕食者(黑鳍鲨)
渔业	每人的鱼类食用量	大法螺
游客	种群死亡比例	旅游地的吸引力
旅游地	种群生育率	人口收入(经济)
旅游业	每位游客对珊瑚礁的破坏	珊瑚礁营养循环
长棘海星死亡率		海草的生态系统服务
鱼类迁徙		外来鱼类迁入

在模型中排除自然灾害（主要是台风）是根据排除气候变化论证得出的。由于台风不在政策制定者的掌控之下，珊瑚礁将遭受到这样的灾难，而且菲律宾人民也将受到同样的伤害。然而，健康环境中生长的珊瑚礁通常更有可能从台风的影响中更快地恢复。这可能与本书的假设有关，其中拥有高营养水平和较少鱼类种群的珊瑚礁在台风破坏活珊瑚和藻类之后更有可能被大型藻类幼体所取代。另一方面，健康的珊瑚环境中珊瑚幼体可能在台风过后占据珊瑚礁，因为大型藻类的生长受到水中营养含量和鹦嘴鱼的控制。

集聚在模型范围中扮演着重要角色。如在解释模型结构的各章中所讨论的，该模型不区分不同种类的珊瑚（活珊瑚组织和基底）、大型藻类、鹦嘴鱼、长棘海星和鲷鱼。尽管作者承认不同的物种对特定的发展有不同的影响，但选择聚合水平符合模型目的，从而增加对珊瑚礁迅速衰退原因的大体了解。例如，虽然一些珊瑚物种可能比其他珊瑚类物种更容易受到藻类竞争的压力，但这种模式更侧重于宏观层面。一般来说，增加藻类的存活率会导致珊瑚物种处于较不利的竞争地位。为了考虑物种的个体差异，该模型试图将物种的个体反应平均化为与聚合变量的影响相关的参数。例如，枝状珊瑚可能比更多的矩形珊瑚物种更容易受到游客的伤害。平均每位游客对珊瑚礁伤害的参数值取游客总伤害的平均值。因此，由于分类不会显著改变模型结果和政策建议，所以较高的聚合水平可以证明是正确的（Sterman，2000，第 864 页）。在珊瑚子模型中，排除的最重要因素是：

（1）由不同物种和光合作用产生的自然氧、碳和营养物质在珊瑚礁中循环（Mann，1982）。相对于作为主导因素的人类带来的污染、过度捕鱼和抛锚来说，这些自然循环对于珊瑚礁的快速退化只扮演了一个次要的角色。此外，海水养分对珊瑚虫生长（或死亡）的影响尚未包括在内，而对大型藻类生长的影响已经包括在内。尽管预计珊瑚虫在营养物质较少的海水中生长速度较快，但与海水营养水平增加对大型藻类生长的影响相比，这种影响相对较小。

（2）虽然增加藻类竞争空间占用对珊瑚礁的间接影响已纳入模型，但是排除了大型藻类过度生长对珊瑚幼体的直接影响（Birrell et al.，2008；Mc Cook et al.，2001）。排除过度增长效应的原因在于，争夺空间对珊瑚礁的间接影响被认为与珊瑚礁退化有极大关系。

在鱼类子模型中，排除的最重要的因素是：

（1）鱼类迁徙。因为在该模式中，假定鱼类种群只会通过内部繁殖（如产卵）。然而鱼类种群也可能因其他珊瑚礁（成熟）鱼类的迁入而增加。由于繁殖比迁徙延迟的时间更长，这或许意味着恢复珊瑚礁的自然健康可能导致鱼类种群的恢复速度比现在假设得更快。

（2）海胆连同鹦嘴鱼是珊瑚礁上的藻类覆盖物的主要捕食者。然而，相比于鹦嘴鱼，海胆由于它的又黑又长的刺并不受渔民的欢迎，也不是受当地人和游客欢迎的食物来源（尽管对一些地区来说是一种美味）。在过度捕捞的珊瑚礁上，海胆的大型捕食者（如引金鱼）已经消失，很可能发生海胆的暴发（Mumby，Hedley，Zychaluk，Harborne，Blackwell，2006；O'Leary，Potts，Schoenrock，Mc Clahanan，2013）。事实上，在对科伦岛和锡亚高岛进行考察期间，已经发现了这种暴发。长滩岛这样的暴发，甚至在2009年上了报纸（Godbold，2009）："丰富的藻类已经引发了长刺黑海胆异常密集的生长"。因此，海胆可能抵消了由于鹦嘴鱼被捕食而造成的藻类增多。那种情况下，它将是模型中的重要成分。然而，海胆暴发的珊瑚礁中，会有意想不到的结果，不仅大型海藻被捕食，还有珊瑚状海藻，和这种在珊瑚虫中发现的藻类一样，它能产生碳酸钙建造珊瑚礁（O'Leary et al.，2013）。此外，海胆的高密度可能会使它们容易受到疾病的威胁，从而导致整个海胆群体迅速死亡（Willoughby，2015）。20世纪80年代，在巴哈马群岛观察到海胆因某种疾病迅速减少，导致大型藻类物种迅速占领珊瑚礁（Mumby et al.，2006）。总的来说可以得出这样的结论：减少食草鱼类的丰度的效果（在珊瑚基底上的可用空间）首先被海胆的捕食所抵消，但由于它们对基底生物的消极影响，海胆丰度过高最终会减少珊瑚覆盖面积（O'Leary et al.，2013，第165页）。因此，现在还未把海胆的动力学纳入到珊瑚礁模型中。这是由于复杂性增加，这些动力将纳入到模型之中，而对珊瑚礁衰退的影响预计将在积极和消极影响的基础上平衡。除此之外，纳入到模型中不会改变政策建议：通过减少对珊瑚礁的捕捞来增加鱼类种群（包括大型捕食者）。

（3）大型捕食者（如礁鲨、石斑鱼、梭鱼和引金鱼）在珊瑚礁上没有被纳入模型。这些大型捕食者被高密度的鱼类吸引到珊瑚礁上捕食。这样它们扮演了控制书中所提到的这些小型鱼类（鹦嘴鱼、鲷鱼）生长的角色。大型捕食者没被纳入到模型中有两个原因。首先，由于捕捞带来的压力，大型捕食者往往是最先从珊瑚礁中灭绝的种类，因为它们数量少，在生命的后期成熟，而且生长缓慢（Sheppard et al.，2009）。因此，大部分珊瑚礁被过度捕鱼所影响，大型捕食者不能控制其他鱼类，因为它们往往会自己消失。在菲律宾的观察和采访显示，珊瑚礁上大型捕食者的总体水平较低。其次，鹦嘴鱼和鲷鱼的数量在没有自然捕食者的条件下已经急剧减少。因此可以说，人类在珊瑚礁上相对于其他鱼类来说扮演着"大型捕食者"的角色。

（4）长棘海星的自然捕食者也被排除在模型之外。在菲律宾，大法螺被认为是长棘海星的主要捕食者。大法螺没有被纳入模型有两个原因。首先，大法螺可能已经被耗尽，由于它们的壳可作为纪念品，所以它们被渔民大量捕获。虽然在菲律宾捕获大法螺的壳是违法的，但仍有可能在宿务市找到大量的大法螺壳。其次，大法螺在长棘海星上的捕食率非常低，而且很可能它们不是专门吃那些海星（J. Hoey，Chin，2004）。

在人口子模型中，排除的最重要的因素是：

（1）不属于当地的船只进行非法捕鱼并未纳入模型，这将对菲律宾的一些珊瑚礁构成重大挑战（主要在巴拉望岛和棉兰老岛）。这些非法渔船加剧了目前的困境，当地渔民必然没有动机减少捕捞量来恢复鱼类种群。

（2）非法捕鱼行为如炸鱼毒鱼在菲律宾的一些珊瑚礁上已经或者说依然盛行。但非法捕鱼行为被排除在模型之外。使用炸药会直接破坏珊瑚礁基质，而使用氰化物会毒害活珊瑚。非法捕鱼的做法往往是渔民在鱼类资源枯竭时获得必要渔获量的唯一途径。在科伦岛，非法捕鱼活动导致珊瑚礁快速退化，直到 21 世纪后期。巴拉望地区在米沙鄢群岛地区的渔民中很受欢迎，那里的鱼群往往已经枯竭。采用氰化物法捕捉大型捕食性鱼类，如拉普拉普（梭子鱼）和石斑鱼，然后出售给马尼拉。非法捕鱼影响了科伦的当地市场，鱼类产量下降导致价格上涨。21 世纪后期，海警变得更加警惕。一个由美国资助的项目始于 2005 年，目标是增加 Calimianes 地区的鱼类资源。海洋保护区的最佳做法是，在保护区内，当地（传统）渔民仍然可以捕鱼，但没有任何商船被允许。鱼类种群在 5 年内恢复。在长滩岛，旅游业的发展导致非法捕捞行为减少。在巴顿港（巴拉望）和锡亚高（棉兰老岛），非法捕鱼活动在珊瑚礁中依然存在。在设立鱼类保护区的锡亚高岛，渔民们仍然在这些保护区内昼夜钓鱼。该模型不包括非法捕鱼和非法捕捞活动，其目的是提出这样的假设：即使只有当地居民经常进行捕鱼活动，鱼类资源也正在珊瑚礁上迅速耗尽。政策制定者应该清楚，如果认为珊瑚礁的可持续性是重要的，那么就应该禁止非法捕鱼和非法捕鱼活动。

（3）该模型还排除了农业活动和港口活动对珊瑚礁的影响。农业活动能够带来额外的氮（来自肥料）补给珊瑚礁。农业养分层次的影响对澳大利亚的大堡礁是一个危险的威胁。然而，这种模式只包括了污水处理对养分水平的影响，因为它在菲律宾内活动，许多工业废物来源可能对珊瑚礁的健康产生负面影响被认为是更主要的。关于港口活动，许多工业废物来源可能对珊瑚礁的健康产生负面影响。此外，更多的船只会导致更多的原油进入到海水中（例如回填）。这种来自当地（机械化的）渔船和旅游船（bangkas）的影响也被排除在模型之外，但在菲律宾的一些珊瑚礁中还处在被观察的状态。不将港口活动的影响纳入模型中的最重要的原因是，它们主要影响靠近港口的珊瑚礁，而这些珊瑚礁已经死亡了。关于这个话题的最重要的案例研究，在麦克坦岛上展示了菲律宾第二大城市（宿务市）附近的一个岛屿（受保护）的珊瑚礁如何能够繁荣起来，尽管它们相对接近一个在菲律宾的主要贸易港口。即使在这些珊瑚礁上，退化的主要原因似乎是局部的（水质、过度捕捞、沉积和抛锚）。

在旅游子模型中，排除的最重要因素是：

（1）防晒霜对珊瑚虫健康的影响。虽然这种影响历来主要是一种假说，但现在越来越多的科学证据表明，紫外线防护成分的浓度导致硬珊瑚覆盖层的白化（Danovaro，Roberto；Bongiorni，Lucia；Corinaldesi，Cinzia；Giovannelli，Donato；Damiani，2008；Downs et al.，2016）。随着旅游业的发展和相关的跳岛活动，珊瑚礁面临着更多来自防晒霜的压力。尤其是亚洲游客为防晒而使用厚厚的防晒霜而臭名昭著。建议地方当局推广/管理使用防晒的天然替代品，以采取预防措施防止对珊瑚造成的负面影响。附图A-1显示了一种已经在菲律宾推广的可作替代品的珊瑚友好型防晒乳液。防晒霜不被纳入模型中有两个原因，首先，珊瑚礁在其他方面的压力已经被认为在珊瑚礁的迅速退化方面更加占优势，而这些在珊瑚礁旅游开发开始之前就已经发生了。目前主要用于旅游的珊瑚礁已经采取了必要的措施（如使用可持续性浮标代替锚），一些珊瑚礁实际上退化速度放缓。因此，防晒霜的影响可能不如过度捕捞和污染的影响大。其次，水流有助于将珊瑚礁上的防晒霜驱散到公海，这使得防晒霜对珊瑚健康的影响有限。

附图 A-1 "安全阻挡"天然防晒霜(珊瑚友好)—锡亚高岛

（2）未被模拟的一个重要因素是旅游目的地的环境质量与旅游目的地对新游客的吸引力之间的反馈。虽然假设健康的珊瑚礁比死亡的珊瑚礁对游客更具吸引力是合理的，但环境质量在某种程度上反馈游客的行为和新游客的来访还不确定。旅游业发展似乎是一个复杂的体系，一旦发展起来，就难以放慢速度，即使首先使目的地具有吸引力的环境正在恶化。受欢迎的旅游目的地将部分资金用于部分掩盖环境影响（例如通过清洗受欢迎的海滩上的藻类）或使旅游目的地上的可用景点多样化。例如，在菲律宾最受欢迎和最拥挤的旅游目的地长滩岛，许多人认为环境压力会导致其吸引力下降。然而，到目前为止，游客人数还在迅速增加。同样埃尔尼多岛上的主要海滨已经遭受水污染，反而预计会更受到新游客的欢迎。主要问题是某种程度上大多数游客关心珊瑚礁的质量。游客对海洋环境真正感兴趣吗？还是他们只是参加了旅游杂志推荐的行程？要回答这个问题还需要更多的调查。因此，在这个模型中，假设环境质量与游客数量之间没有任何反馈。旅游业的增长只受可用于旅游度假区的土地的限制。

附 A.2　行为再现

根据 Forrester(1961，1969)的建议，建模人员应该关注一类问题而不是个别案例。因此，虽然假设模型产生的行为可能适用于全球所有珊瑚礁的减少，但是它更侧重于菲律宾的珊瑚礁。这个模型不是适用于每个珊瑚系统的蓝图。要直接使用模型进行决策，应该针对特定珊瑚礁区域的特征进行规定和校准。模拟结果可以与菲律宾珊瑚礁的实际情况进行比较。在菲律宾最受欢迎的旅游目的地——长滩岛，提供了最好的案例研究来评估模型的行为。有珊瑚覆盖、人口增长和游客数量的历史数据，可以与假设的珊瑚礁模型的模拟结果进行比较。附图 A-2 和附图 A-3 显示了自 1980 年至 2011年期间人口规模、游客数量和珊瑚覆盖的最重要趋势。将这些趋势与模型的模拟结果（附图 A-4）相比较，显示出行为的总体相似性，其中随着人口和游客规模的增加，珊瑚覆盖率迅速下降。

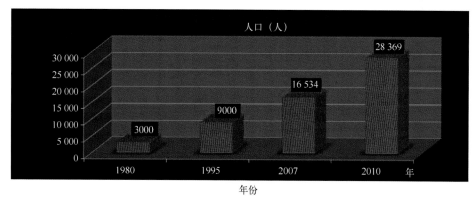

附图 A-2　菲律宾博罗凯人口增长情况(Fortes，2014，第 10 页)

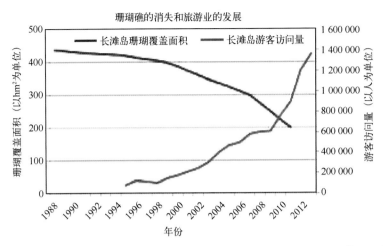

附图 A-3 菲律宾长滩岛的珊瑚覆盖面积和(每年)游客数量(Fortes, 2014, 第 12, 第 20 页)

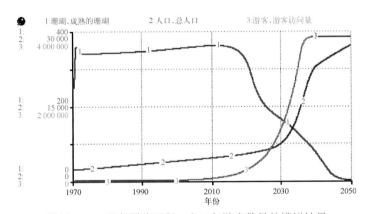

附图 A-4 珊瑚覆盖面积, 人口与游客数量的模拟结果

根据旅游业的发展, 埃尔尼多岛经常被视为下一个长滩岛, 在附图 A-5 和附图 A-6 中可以看到类似的趋势。

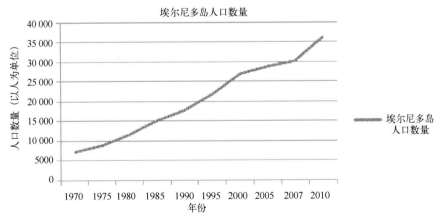

附图 A-5 菲律宾埃尔尼多岛的人口增长情况(埃尔尼多岛市, 2016, 第 4 页)

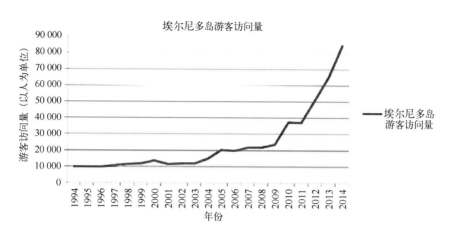

附图 A-6　(每年)菲律宾埃尔尼多岛游客数量(埃尔尼多岛市，2016，第 10 页)

关于珊瑚礁覆盖随时间而发展，历史数据是有限的。附表 A-2 显示了对埃尔尼多岛最重要的旅游湾珊瑚礁状况的评估。但是，必须指出，目前的情况是基于 2006 年的评估。

附表 A-2　评估埃尔尼多岛珊瑚礁状况(巴拉望岛可持续发展委员会，2006，第 19 页)

年代	巴库特湾
20 世纪 50 年代	极好
20 世纪 70 年代	极好
20 世纪 80 年代	差
20 世纪 90 年代	合格
现在	相当好

附图 A-7 给菲律宾其他旅游目的地的增长提供了参考数据。

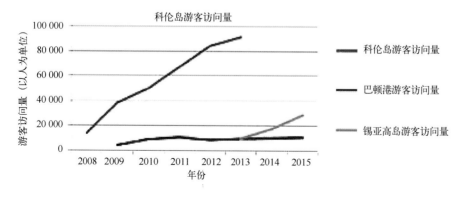

附图 A-7　(每年)科伦(巴拉望省，2014，第 13 页)，巴顿港口和锡亚高岛的游客数量

预计在未来几年菲律宾许多旅游目的地将迎来游客的快速增长。巴拉望岛(包括科伦、埃尔尼多岛和巴顿港等地)因其相对偏远和孤立的特征而被视为"最后的边疆",有成为旅游目的地的趋势。科伦最近被一个领先的旅游杂志(Conde Nast,2015)的读者评选为世界上最好的岛屿。由于有限的基础实施能力,目前旅游业的发展仍然相对滞后。但是,到科伦的直飞航班数量正在迅速增加,预计在2017年年底通往巴顿港的铺面道路已经准备就绪。在宿务省,机场容量扩大,预计将增加到像麦丹岛和莫阿尔博阿尔这样的目的地的游客人数。锡亚高岛是一个相对较新的不被大众所熟知的旅游目的地,但自然和海洋旅游潜力很大。邦劳岛上的新机场(保和岛)预计将于2017年底完成,这可能会导致游客数量的快速增长。在这些大部分相对"新"的旅游目的地中,缺乏对海洋环境质量的结构性评估。随着当地人口和旅游业的预期增长,强烈建议对海洋资源进行监测。附图A-8揭示了最近评估锡亚高岛(卢纳将军城)最受欢迎的旅游城镇的硬珊瑚覆盖的结果。正如在边界充分性章节中所描述的,硬珊瑚覆盖层的迅速下降很可能是非法捕鱼活动(如炸药捕鱼)造成的。据模型中提出的假设,锡亚高岛的旅游发展水平很低,这很可能还不是造成硬珊瑚覆盖率急剧下降的原因。在旅游业蓬勃发展之前,某些旅游目的地可能已经失去了珊瑚礁。

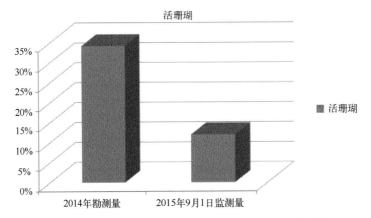

附图A-8　锡亚高岛(卢纳将军城)上的珊瑚礁覆盖(环境和自然资源部,2015,第11页)

附A.3　基于轶事证据的行为再现

由于菲律宾珊瑚礁上最重要的生态健康指标的数据有限,因此收集了一些轶事证据,并将其列入本附录中。然而,轶事证据只有有限的科学价值,因为它容易受到主观偏见的影响。一种未受干扰的珊瑚礁条件,在一个珊瑚礁旅游地——阿波岛被发现。阿波岛是一个在东内格罗斯省,有大概300多人100间房子的小岛。珊瑚礁在一个海上禁捕区(保护区),仅有有限的资源供渔民捕捞。所有当地的房屋都使用"三级"化粪池，用来处理污水。此外，岛上只有一个度假胜地，当然有着良好的污水处理设施。观测岛周围的珊瑚礁，可以发现：

（1）大量的珊瑚礁基底；

（2）活珊瑚组织高度占用珊瑚礁基质；

（3）覆盖的大型藻类的种类非常有限；

（4）丰富的鱼类资源，包括鹦嘴鱼和鲷鱼；

（5）没有关于长棘海星暴发的相关报道。

然而，阿波岛的一些珊瑚礁已经退化，主要是因为台风。但是，这些珊瑚种群能够迅速恢复（有时一个月之内即可）。

之前描述的珊瑚礁状况主要是受沿海人口和渔业增长的影响，但菲律宾只有两个珊瑚礁目的地适合有限的旅游业发展——巴顿港（巴拉望岛）和锡亚高岛（棉兰老岛）。观测这些目的地上的珊瑚礁和人类环境，可以发现：

（1）锚泊渔船和非法捕鱼（炸药）破坏了当地珊瑚礁基质。

（2）在锡亚高岛上，卢纳将军城近海的珊瑚礁上，活珊瑚组织非常少。而且那里似乎也没有覆盖很多的藻类。许多海胆生活在珊瑚礁上。在巴顿港，活珊瑚的覆盖度还是比较好的，尽管当地活动对珊瑚虫有一定的影响。

（3）珊瑚礁周围的整体水质非常好。锡亚高岛的水很蓝。然而，巴顿港当地却有大型藻类暴发。

巴顿港和锡亚高岛的轶事证据显示，当地的一个渔业社区主要通过过度捕捞和船锚来影响珊瑚礁的健康。在海水污染压力相对较低的情况下，正反馈回路 R2"藻华"已经获得了一定的实力，但并不占主导地位。正反馈回路 R3"海星暴发"似乎在锡亚高岛占据主导地位。这很可能是由于过度捕捞鲷鱼所致，这对控制暴发发挥了重要作用。

受当地人口增长和快速旅游发展影响的珊瑚礁状况主要对应于菲律宾两个最受欢迎的旅游目的地——长滩岛和埃尔尼多岛。观测这些目的地上的珊瑚礁和人类环境，可以发现：

（1）高度的水污染和藻华状况，特别是在海滩附近的污水处理处；

（2）海滨附近度假村的建设导致沉积物进入海滨；

（3）出现长棘海星暴发；

（4）活珊瑚组织对珊瑚礁占用量低，珊瑚礁多，珊瑚礁结构破碎；

（5）鱼类种群少。

令人担忧的是，埃尔尼多岛似乎并没有从菲律宾长滩岛发生过的问题中吸取教训，长滩岛是菲律宾最早发展壮大的地区之一。埃尔尼多岛现在是巴拉望岛上新兴的热门岛屿旅游目的地之一。埃尔尼多岛最实际的问题是海水污染日益严重，究其原因最有可能的是当地居民和新的旅游度假村都缺乏污水处理设施。目击者的报告揭示了埃尔尼多岛上最受欢迎的海滩曾经有过清澈的海水和可见的活珊瑚礁。现在没有更多的活珊瑚，只有许多长棘海星和污染。按照本书的假设，人类活动实际上是最先影响珊瑚的。

在长滩岛，2006年至少有一次重大的长棘海星暴发过程。根据本书的假设，如果水污染严重和鱼类存量下降，预计会出现这种情况。直到2014年，由于没有规定在哪里可以建立长滩岛度假村，导致许多度假胜地建立在濒海30 m的距离内。目前在埃尔尼多岛建设中的新度假村，甚至距离海滨不到10 m。

在宿务省的莫阿尔博阿尔，随着旅游业发展的日益壮大，水污染开始成为一个大问题，靠近海滨的珊瑚礁已经受到沉积和污染的严重影响。有许多的珊瑚死亡，当地的大型藻类开始占领珊瑚礁。在当地定居点附近的一些地方，水看起来像一潭污水。

在有大量当地居民居住的科伦镇附近有大量的水污染，却没有任何污水处理系统，跳岛活动发生在科伦距离城镇较远的地方。科伦岛周围的水还是很清澈的，但是随着环境压力的增加，这里的水污染情况可能会更加严重。在科伦镇的港口附近，有很多在建的建筑项目，其中很大一部分是面向投资者出售的。未来将为科伦带来什么？跳岛活动还没有像在长滩岛和埃尔尼多岛那么拥挤，锚是个问题。这里鱼类资源少，藻类也少。主要是因为海胆暴发，它可以迅速消耗大型藻类。这是对这个假设的小遗漏，因为这个模型假设鹦嘴鱼是珊瑚礁上唯一的大型藻类天敌。

考虑到整个珊瑚礁的健康状况，麦克坦岛是当前珊瑚礁管理计划中一个很好的反面例子。在麦克坦岛，香格里拉度假村为客人实施了（私人）5.7 hm² 的海洋保护区（MPA）。在MPA内，不允许钓鱼和停泊。此外，MPA计划与常规人造珊瑚礁和珊瑚补种项目以及COTS清除相结合。在MPA，珊瑚礁覆盖率从2013年的10%～15%上升到2016年的约50%。此外，活珊瑚覆盖增加，而大型藻类覆盖率下降。虽然从当地的角度来看这个项目是成功的，但是周边地区并不能直接从项目中获益。由于受保护的珊瑚礁仍与未受保护的珊瑚礁相邻，因此水质污染、沉积物和长棘海星暴发对MPA将始终是一个威胁。

菲律宾大部分珊瑚礁目的地都有人工珊瑚礁、珊瑚移植、COTS清除和海洋保护区等重要项目。例如，在埃尔尼多岛，正在进行的重点是珊瑚恢复的项目（Gonzales，2015）。尽管应该为所有维持珊瑚礁的努力点赞，但是更深入地了解珊瑚退化的主要驱动因素以及在系统中干预以减轻这些负面因素可能更明智一些。本书所推荐的策略可以用于保护珊瑚礁和提高珊瑚礁保护的效果。

附 A.4　敏感性分析

由于本书的目的是增加对菲律宾珊瑚礁退化总体动态的了解，而不是在短期内准确预测珊瑚礁行为，该模型应该在行为模式敏感度上进行测试。当假设的变化改变了模型产生的行为模式时，行为模式的敏感性就存在了（Sterman，2000，第 883 页）。如前所述，在聚合水平和人们决策过程的变化下，行为模式预期是相关的。至于模型的边界，包括大型捕食者和海胆现存量，预计不会改变生长模式和崩溃模式，尽管可能导致大型藻类的慢速超越和/或珊瑚礁基底的更快衰变。最重要和不确定的参数，以及非线性关系已经过测试。敏感性分析得到了一些有趣的结论：

（1）平均寿命较低的珊瑚物种最有可能首先灭绝；

（2）低礁生产率是目前发展不可持续的关键原因之一（类似于化石燃料的低生成率，从人类时间角度看不可再生）；

（3）长棘海星的高放牧率可能导致活珊瑚组织更快地死亡；

（4）大型藻类对鹦嘴鱼的放牧率没有敏感性，因为当大型藻类在礁石上的活动开始增加时，鹦嘴鱼已经灭绝；

（5）当珊瑚礁已经快速衰退时，营养物可利用性对大型藻类的存量的影响并不那么重要，因为没有可占用的空间；

（6）鱼类种群可能在活珊瑚组织对产卵率和珊瑚礁覆盖对幼鱼死亡率的影响敏感。由于这些关系没有科学依据，需要进一步的研究；

（7）旅游业增长使度假村开发商对预期旅游增长率非常敏感。这可能意味着，一旦菲律宾一个旅游目的地为商人带来了巨大的经济回报，那么其他目的地从一开始就可能有更高的增长预期，并且将会更快地增长。

附录B 珊瑚子模型结构

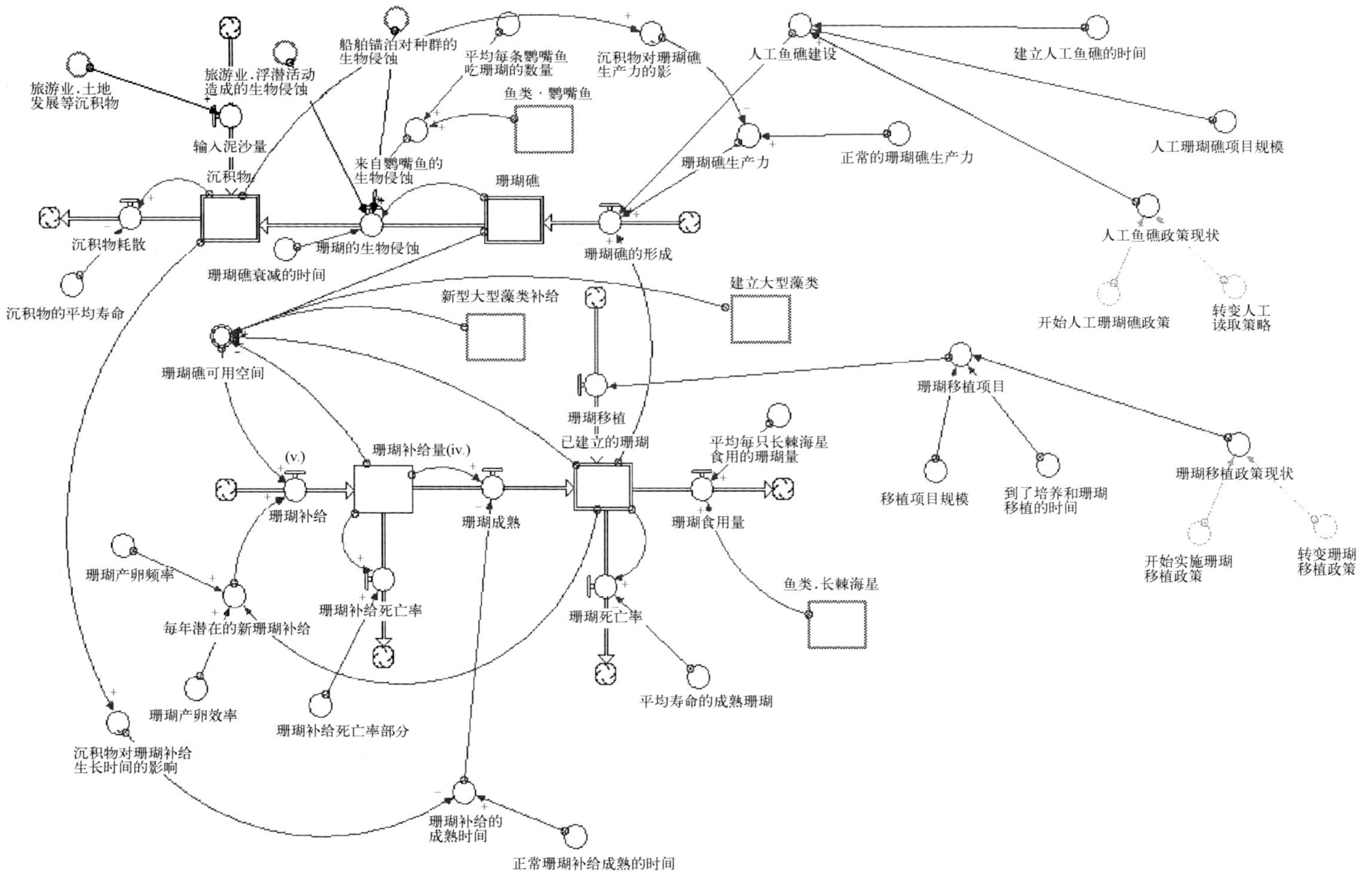

旅游业.土地
发展等沉积物
旅游业.浮潜活动
造成的生物侵蚀
船舶锚泊对种群的
生物侵蚀
平均每条鹦嘴鱼
吃珊瑚的数量
沉积物对珊瑚礁
生产力的影
人工鱼礁建设
建立人工鱼礁的时间
人工珊瑚礁项目规模
鱼类 · 鹦嘴鱼
输入泥沙量
沉积物
来自鹦嘴鱼的
生物侵蚀
珊瑚礁
珊瑚礁生产力
正常的珊瑚礁生产力
沉积物耗散
珊瑚的生物侵蚀
珊瑚礁的形成
人工鱼礁政策现状
珊瑚礁衰减的时间
沉积物的平均寿命
建立大型藻类
新型大型藻类补给
开始人工珊瑚礁政策
转变人工
读取策略
珊瑚礁可用空间
珊瑚移植项目
珊瑚移植
已建立的珊瑚
平均每只长棘海星
食用的珊瑚量
(v.)
珊瑚补给量(iv.)
珊瑚移植政策现状
珊瑚补给
珊瑚成熟
珊瑚食用量
移植项目规模
到了培养和珊瑚
移植的时间
珊瑚产卵频率
开始实施珊瑚
移植政策
转变珊瑚
移植政策
鱼类.长棘海星
珊瑚补给死亡率
珊瑚死亡率
每年潜在的新珊瑚补给
平均寿命的成熟珊瑚
珊瑚产卵效率
珊瑚补给死亡率部分
沉积物对珊瑚补给
生长时间的影响
珊瑚补给的
成熟时间
正常珊瑚补给成熟的时间

附录C 藻类子模型结构

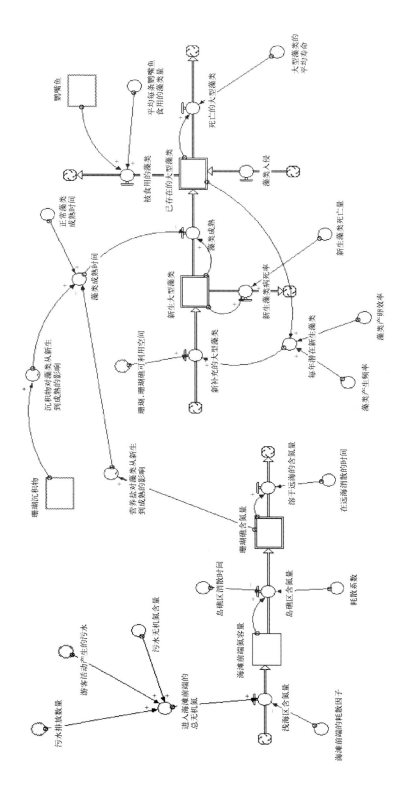

附录D 鱼类子模型结构

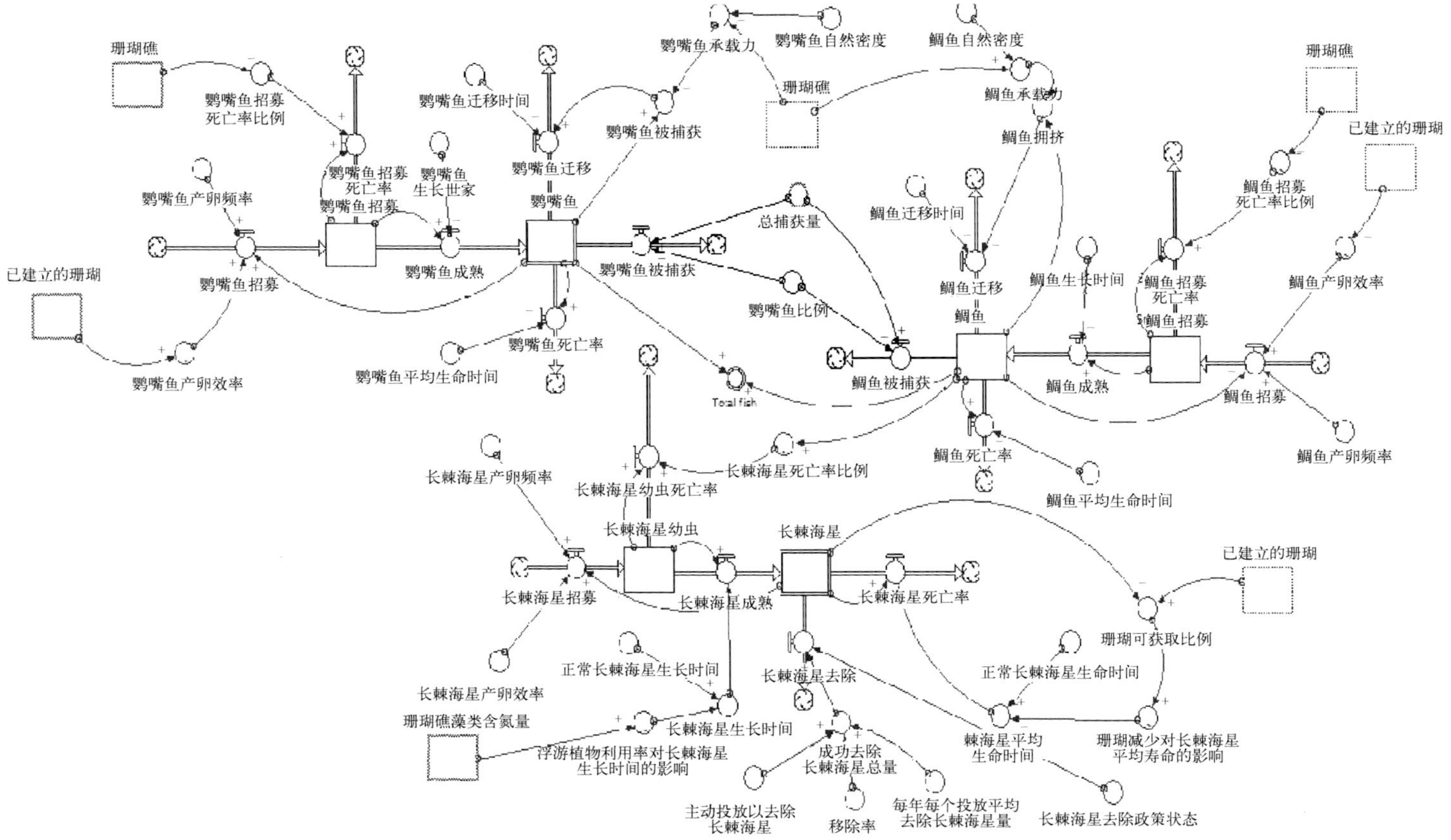

珊瑚礁
鹦嘴鱼招募
死亡率比例
鹦嘴鱼迁移时间
鹦嘴鱼承载力
鹦嘴鱼自然密度
鲷鱼自然密度
鲷鱼承载力
鲷鱼拥挤
已建立的珊瑚
鹦嘴鱼被捕获
鹦嘴鱼招募
死亡率
鹦嘴鱼
生长世家
鹦嘴鱼迁移
鹦嘴鱼
鹦嘴鱼产卵频率
总捕获量
鲷鱼迁移时间
鲷鱼招募
死亡率比例
鲷鱼产卵效率
鹦嘴鱼成熟
鹦嘴鱼比例
鲷鱼迁移
鲷鱼生长时间
鲷鱼招募
死亡率
鲷鱼
鹦嘴鱼死亡率
鹦嘴鱼产卵效率
鹦嘴鱼平均生命时间
Total fish
鲷鱼被捕获
鲷鱼成熟
鲷鱼招募
长棘海星死亡率比例
鲷鱼死亡率
鲷鱼产卵频率
长棘海星产卵频率
长棘海星幼虫死亡率
鲷鱼平均生命时间
长棘海星幼虫
长棘海星
长棘海星招募
长棘海星成熟
长棘海星死亡率
珊瑚可获取比例
正常长棘海星生长时间
长棘海星去除
正常长棘海星生命时间
长棘海星产卵效率
珊瑚礁藻类含氮量
长棘海星生长时间
浮游植物利用率对长棘海星
生长时间的影响
成功去除
长棘海星总量
棘海星平均
生命时间
珊瑚减少对长棘海星
平均寿命的影响
主动投放以去除
长棘海星
移除率
每年每个投放平均
去除长棘海星量
长棘海星去除政策状态

附录E 人口子模型结构

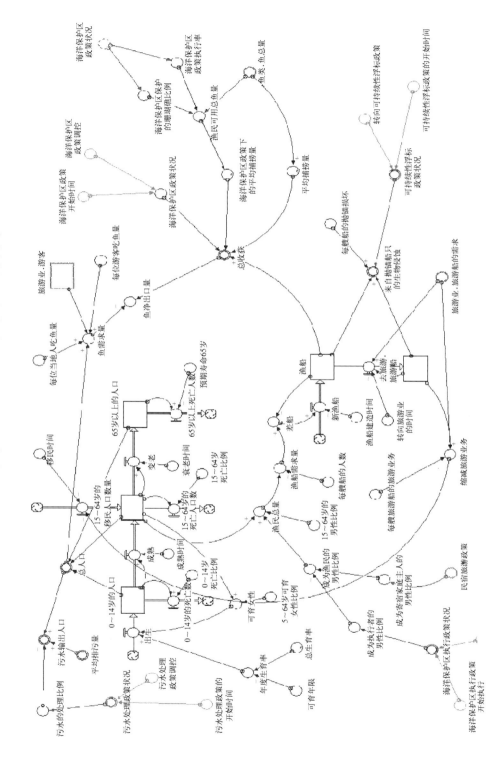

附录F 旅游子模型结构

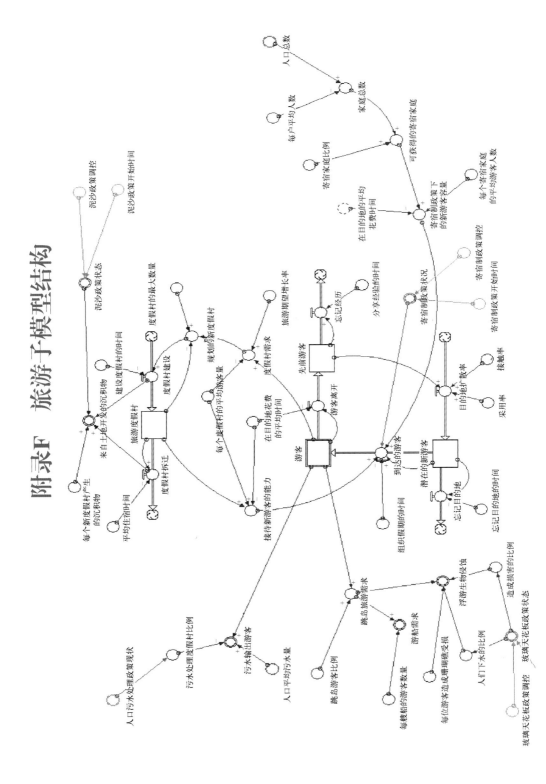

94

附录G 模型方程

Algae:
藻类:

DIN_content_beach_front(t) = DIN_content_beach_front(t-dt) +(DIN_dissolving_to_shallow_ sea-DIN_dissolving_to_reef) ∗ dt

海滩前沿的无机氮容量(t) =海滩前沿的无机氮容量(t-dt) +(溶于浅海区的无机氮-溶于岛礁区的 DIN)×dt

INIT DIN_content_beach_front = 0.2
初始海滩前沿无机氮容量=0.2

INFLOWS:
输入公式:

DIN _ dissolving _ to _ shallow _ sea = Total _ inorganic _ nitrogen _ entering _ the _ beach _ front/ Dissipation_factor_beach_front
溶于浅海区的无机氮=进入海滩前沿的总无机氮量/海滩前沿的耗散因数

OUTFLOWS:
输出公式:

DIN_dissolving_to_reef = (DIN_content_beach_front/Dissipation_factor) /Time_to_dissipate_ to_reef
溶于岛礁区的无机氮=(海滩前沿的无机氮容量/耗散因数) /在岛礁区消散的时间

DIN_content_coral_reef(t) =DIN_content_coral_reef(t-dt) +(DIN_dissolving_to_reef-DIN_ dissolving_to_open_sea) ∗ dt

珊瑚礁无机氮容量(t)＝珊瑚礁无机氮容量(t–dt)＋(溶于岛礁区的无机氮–溶于远海的无机氮)

INIT DIN_content_coral_reef = 0.2
初始珊瑚礁无机氮容量＝0.2

INFLOWS:
输入公式:

DIN_dissolving_to_reef＝(DIN_content_beach_front/Dissipation_factor) /Time_to_dissipate_to_reef
溶于岛礁区的无机氮＝(海滩前沿的无机氮容量/耗散因数)/岛礁区消散的时间

OUTFLOWS:
输出公式:

DIN_dissolving_to_open_sea＝DIN_content_coral_reef/Time_to_dissipate_to_open_sea
溶于远海的无机氮＝珊瑚礁区的无机氮容量/在远海消散的时间

Established_macroalgae(t) = Established_macroalgae(t–dt) + (Macroalgae_maturing + Macroalgae_entering–Algae_grazing – Macroalgae_mortality) ∗ dt
已存在的大型藻类(t)＝已存在的大型藻类(t–dt)＋(正成熟的大型藻类＋入侵的大型藻类–被食用的藻类–死亡的大型藻类)×dt

INIT Established_macroalgae = (1–initial_coral_stock_values_to_equilibrium) ∗ 30 + initial_coral_stock_values_to_equilibrium ∗ 0.00001
初始的已存在的大型藻类＝(1–到达平衡点的初始珊瑚储备值)×30＋到达平衡点的初始珊瑚储备值×0.000 01

INFLOWS:
输入公式:

Macroalgae_maturing =

Macroalgae_recruits/Algae_recruits_time_to_mature

正成熟的大型藻类=新生大型藻类/藻类从新生到成熟的时间

Macroalgae_entering = 0.5

入侵的大型藻类=0.5

OUTFLOWS:

输出公式:

Algae_grazing = Fish.Parrotfish * Avg_algae_grazed_per_parrotfish

被食用的藻类=鹦嘴鱼数量×平均每条鹦嘴鱼食用的藻类量

Macroalgae_mortality = Established_macroalgae/Avg_lifetime_Macroalgae

死亡的大型藻类=已存在的大型藻类/大型藻类的平均寿命

Macroalgae_recruits(t) = Macroalgae_recruits(t−dt) +

(Macroalgae_recruitment−Macroalgae_maturing−Algae_recruit_mortality) * dt

新生的大型藻类(t)=新生的大型藻类(t−dt)+(新补充的大型藻类−正在成熟的大型藻类−死亡的新生藻类)×dt

INIT Macroalgae_recruits = (1−initial_coral_stock_values_to_equilibrium) * 20+

initial_coral_stock_values_to_equilibrium * 0.00001

初始新生的大型藻类=(1−到达平衡点的初始珊瑚储备值)×20+到达平衡点的初始珊瑚储备值×0.000 01

INFLOWS:

输入公式:

Macroalgae_recruitment =

MIN(Potential_new_algae_recruits_per_year, Coral.Available_space_on_the_coral_reef)

新补充的大型藻类=最小值(每年可能生出的新生藻类, 珊瑚.珊瑚礁中可利用的空间)

OUTFLOWS:
输出公式:

Macroalgae_maturing =
Macroalgae_recruits/Algae_recruits_time_to_mature
正在成熟的大型藻类=(新生的大型藻类/藻类从新生到成熟的时间)

Algae_recruit_mortality =
Macroalgae_recruits * Algae_recruit_mortality_fraction
新生藻类死亡量=新生大型藻类×新生藻类死亡率

Algae_recruits_time_to_mature =
Normal_algae_recruits_time_mature * Effect_of_sedimentation_on_algae_time_to_mature
藻类从新生到成熟的时间=一般藻类从新生到成熟的时间×沉积物对藻类从新生到成熟的时间影响

Algae_recruit_mortality_fraction = 0.8
新生藻类死亡率=0.8

Algae_spawn_efficiency = 1
藻类产卵效率=1

Algae_spawn_frequency = 1
藻类产卵频率=1

Avg_algae_grazed_per_parrotfish = 0.0012
平均每条鹦嘴鱼食用藻类量=0.0012

Avg_lifetime_Macroalgae = 3
大型藻类平均寿命=3

Dissipation_factor = 15
耗散因数=15

Dissipation_factor_beach_front ＝100000
海滩前沿的耗散因数＝100000

Effect_of_nutrients_on_algae_time_to_mature ＝
GRAPH(DIN_content_coral_reef)
(0.00, 1.00), (1.00, 0.5), (2.00, 0.4), (3.00, 0.3), (4.00, 0.2), (5.00, 0.1)
营养物对藻类从新生到成熟的时间影响＝图表(珊瑚礁的 DIN 容量)(0.00, 1.00),(1.00,
0.5),(2.00, 0.4),(3.00, 0.3),(4.00, 0.2),(5.00, 0.1)

Effect_of_sedimentation_on_algae_time_to_mature ＝
GRAPH(Coral.Sediment)
(0.00, 1.00), (80.0, 1.50), (160, 2.00), (240, 2.50), (320, 3.00), (400, 3.50)
沉积物对藻类从新生到成熟的时间影响＝图表(珊瑚.沉积物)(0.00, 1.00),(80.0,
1.50),(160, 2.00),(240, 2.50),(320, 3.00),(400, 3.50)

Inorganic_nitrogen_content_of_sewage ＝ 0.3
污水无机氮含量＝0.3

Normal_algae_recruits_time_mature ＝ 1.5
一般藻类从新生到成熟的时间＝1.5

Potential_new_algae_recruits_per_year ＝
Established_macroalgae ∗ Algae_spawn_frequency ∗ Algae_spawn_efficiency
每年可能生出的新生藻类＝已经存在的大型藻类×藻类产卵频率×藻类产卵效率

Time_to_dissipate_to_open_sea ＝ 0.25
在远海消散的时间＝0.25

Time_to_dissipate_to_reef ＝ 0.25
在岛礁消散的时间＝0.25

Total_inorganic_nitrogen_entering_the_beach_front ＝
(Population. Sewage ＿ output ＿ population ＋ Tourism. Sewage ＿ output ＿ tourists) ∗ Inorganic ＿

nitrogen_coment_of_sewage
进入海滩前沿的总无机氮=(人口.人口排放污水量+旅游业.游客排放污水量)×(污水无机氮含量)

Coral:
珊瑚(也可能是珊瑚虫,以珊瑚翻译):

Coral_recruits(t) = Coral_recruits(t−dt) +(Coral_recruitment−coral_recruit_mortality−Coral_maturing) * dt
新生珊瑚(t)=新生珊瑚(t−dt)+(补充的珊瑚−新生珊瑚病死量−正在成熟的珊瑚)×dt

INIT Coral_recruits = (1−initial_coral_stock_values_to_equilibrium) * 200 + initial_coral_stock_values_to_equilibrium * 33
初始新生珊瑚量=(1−到达平衡点的初始珊瑚储备值)×200+到达平衡点的初始珊瑚储备值×33

INFLOWS:
输入公式:

Coral_recruitment =
MIN(Potential_new_coral_recruits_per_year, Available_space_on_the_coral_reef)
补充珊瑚的量=最小值(每年可能生成的新的珊瑚,珊瑚礁中可利用的空间)

OUTFLOWS:
输出公式:

coral_recruit_mortality = Coral_recruits * Coral_recruit_mortality_fraction
新生珊瑚死亡量=新生珊瑚×新生珊瑚死亡率

Coral_maturing = Coral_recruits/Coral_recruits_time_to_mature
正在成熟的珊瑚=新生珊瑚/珊瑚从新生到成熟的时间

Coral_reef(t) = Coral_reef(t−dt) + (Coral_reef_formation−Coral_bioerosion) * dt

100

珊瑚礁(*t*)=珊瑚礁*(t−*d*t)* +(形成的珊瑚礁−侵蚀的珊瑚)×d*t*

INIT Coral_reef = (1−initial_coral_stock_values_to_equilibrium) * 500 +
initial_coral_stock_values_to_equilibrium * 509

初始珊瑚礁=(1−到达平衡点的初始珊瑚储备值)×500+到达平衡点的初始珊瑚储备
值×509

INFLOWS:
输入公式:

Coral_reef_formation = (Established_coral * Coral_reef_productivity) +Artificial_reef_con-
struction

形成的珊瑚礁=(已存在的珊瑚×珊瑚礁生产率)+人工鱼礁建设

OUTFLOWS:
输出公式:

Coral_bioerosion =
Bioerosion_from_parrotfish+Population.Bioerosion_from_boat_anchoring+Tourism.Bioerosion_
from_snorkeling_activity+(Coral_reef/Reef_decay_time)

侵蚀的珊瑚=鹦嘴鱼的侵蚀量+人口.船锚的侵蚀量+旅游业.生物浮潜活动侵蚀.(珊瑚
礁/珊瑚礁衰减时间)

Established_coral(t) = Established_coral(t−dt) + (Coral_maturing +
Coral_replanting−Coral_grazing−Coral_mortality) * dt

已存在的珊瑚(*t*)=已存在的珊瑚*(t−*d*t)* +(正在成熟的珊瑚+再植的珊瑚−被食用的珊瑚−
病死的珊瑚)×d*t*

INIT Established_coral = (1−initial_coral_stock_values_to_equilibrium) * 250 +
initial_coral_stock_values_to_equilibrium * 341

初始已存在的珊瑚=(1−到达平衡点的初始珊瑚储备值)×250+到达平衡点的初始珊瑚储
备值×341

INFLOWS:

输入公式:

Coral_maturing = Coral_recruits/Coral_recruits_time_to_mature

正在成熟的珊瑚=新生珊瑚/珊瑚从新生到成熟的时间

Coral_replanting = Coral_replanting_project

再植的珊瑚=珊瑚移植项目

OUTFLOWS:

输出公式:

Coral_grazing = Fish.COT_starfish * Avg_coral_grazed_per_COTS

珊瑚食用量=长棘海星数量×平均每只长棘海星食用的珊瑚量

Coral_mortality = Established_coral/Avg_lifetime_mature_coral

珊瑚死亡量=建立好的珊瑚礁上的珊瑚数量/珊瑚的平均寿命

Sediment(t) = Sediment(t−dt) + (Coral_bioerosion + Sediment_entering −Sediment_dissipation) * dt

沉积物(t)=沉积物(t −dt)+(珊瑚的被侵蚀量+流入的沉积物量−消散的沉积物量)

INIT Sediment=(1−initial_coral_stock_values_to_equilibrium) * 5+initial_coral_stock_values_to_equilibrium * 0.65

初始沉积物=(1−珊瑚初始到达到平衡的价值储量)×5+珊瑚初始到达到平衡的价值储量×0.65

INFLOWS:

输入公式:

Coral_bioerosion = Bioerosion_from_parrotfish+Population.Bioerosion_from_boat_anchoring+Tourism.Bioerosion_from_snorkeling_activity+(Coral_reef/Reef_decay_time)

珊瑚的被侵蚀量=来自鹦嘴鱼的侵蚀量+来自船只污染的侵蚀量+旅游业.浮潜活动的侵

蚀量(造礁珊瑚/造礁珊瑚衰退时间)

Sediment_entering ＝ Tourism.Sediment_from_land_development
沉积物流入量＝来自陆地发展的旅游业.沉积物

OUTFLOWS:
输出公式:

Sediment_dissipation ＝ Sediment/Avg_lifetime_sediment
沉积物耗损量＝沉积物/沉积物的平均寿命

Artificial_reef_construction＝(Size_of_artificial_coral_reef_project/Time_to_establish_artificial_
reef) ＊ Artifi
人工造礁建设＝(人工造礁的大小/安置人工珊瑚礁的时间)×Artifi

Artificial_reef_policy_status ＝ if(Artificial_reef_policy_switch ＝ 1) and(time＞Atificial_reef_
policy_start_time)t
人造珊瑚礁政策状况＝if(人工造礁政策调控＝1) and(时间＞人造珊瑚礁方案状况时间)t

Artificial_reef_policy_switch ＝ 0
人工珊瑚礁政策调控＝0

Atificial_reef_policy_start_time ＝ 2000
人造珊瑚礁政策开始时间＝2000

Available_space_on_the_coral_reef＝Coral_Reef−Established_coral−Coral_recruits−Algae.Es-
tablished_macroalgae−Algae.Macroalgae_recruits
珊瑚礁上可用的空间＝珊瑚已经建设好的珊瑚礁−新生幼虫−已知的大型藻类−新生的大
型藻类

Avg_coral_grazed_per_COTS ＝ 0.001825
每只长棘海星啃食的珊瑚量＝0.001825

Avg_coral_reef_grazed_per_parrotfish = 3e-07
每条鹦嘴鱼的啃食量 = 3e-07

Avg_lifetime_mature_coral = 3
珊瑚平均寿命 = 3

Avg_lifetime_sediment = 0.25
沉积物平均寿命 = 0.25

Bioerosion_from_parrotfish = Fish.Parrotfish * Avg_coral_reef_grazed_per_parrotfish
来自鹦嘴鱼的侵蚀量 = 鹦嘴鱼数量 × 平均每条鹦嘴鱼的啃食量

Coral_recruits_time_to_mature = Normal_coral_recruits_time_to_mature * Effect_of_sediment_on_coral_recruits
珊瑚幼体成熟时间 = 正常的珊瑚幼体成熟时间 × 沉积物对珊瑚幼体的影响

Coral_recruit_mortality_fraction = 0.5
珊瑚幼体死亡率 = 0.5

Coral_reef_productivity = Normal_reef_productivity * Effect_of_sediment_on_coral_reef_productivity
珊瑚礁生产力 = 正常珊瑚礁的生产力 × 沉积物对珊瑚礁的影响

Coral_replanting_policy_status = if(Coral_replanting_policy_switch = 1) and(time>Coral_replanting_policy_start_time
珊瑚移植政策状况 = if(珊瑚移植政策调控 = 1) and(时间>珊瑚开始移植的时间)

Coral_replanting_project = (Size_of_replanting_project/Time_to_nurse_and_replant_coral) * Coral_replanting_policy
珊瑚移植工程 = (珊瑚移植规模/养护和移植珊瑚的时间) × 珊瑚移植方案

Coral_replanting_policy_start_time = 2000
珊瑚移植开始时间 = 2000

Coral_replanting_policy_switch　=　0
珊瑚移植政策调控=0

Coral_spawn_efficiency　=　0.5
珊瑚产卵效率=0.5

Coral_spawn_frequency　=　1
珊瑚产卵速度=1

Effect_of_sediment_on_coral_recruits_time_to_grow　=　GRAPH(Sediment)(0.00, 1.00),
(4.00, 1.50), (8.00, 2.00), (12.0, 2.50), (16.0, 3.00), (20.0, 3.50)
沉积物对珊瑚幼体成长时间的影响=图表(沉积物)(0.00, 1.00), (4.00, 1.50), (8.00, 2.
00), (12.0, 2.50), (16.0, 3.00), (20.0, 3.50)

Effect_of_sediment_on_coral_reef_productivity　=　GRAPH(Sediment)(0.00, 1.00), (4.00,
0.8), (8.00, 0.6), (12.0, 0.4), (16.0, 0.2), (20.0, 0.00)
沉积物对珊瑚礁生产力的影响=图表(沉积物)(0.00, 1.00), (4.00, 0.8), (8.00, 0.6),
(12.0, 0.4), (16.0, 0.2), (20.0, 0.00)

initial_coral_stock_values_to_equilibrium　=　0
珊瑚最初达到平衡的能量储量=0

Normal_coral_recruits_time_to_mature　=　0.25
正常珊瑚成熟时间=0.25

Normal_reef_productivity　=　0.01
正常珊瑚生产力=0.01

Potential_new_coral_recruits_per_year＝Established_coral ＊ Coral_spawn_efficiency ＊ Coral_
spawn_frequency
平均每年的新生珊瑚估量=已经建立的珊瑚×珊瑚产卵效率×珊瑚产卵频率

Reef_decay_time = 500
珊瑚礁衰退时间=500

Size_of_artificial_coral_reef_project = 1
人造珊瑚礁的规模=1

Size_of_replanting_project = 1
移植工程的规模=1

Time_to_establish_artificial_reef = 1
人造珊瑚礁建立时间=1

Time_to_nurse_and_replant_coral = 1
养护和移植珊瑚的时间=1

Fish:
鱼类:

COTS_larvae(t) =COTS_larvae(t− dt) + (COTS_recruitment−COTS_maturing −COTS_larvae_mortality) * dt
长棘海星幼体(t) = 长棘海星幼体(t−dt) +(新生长棘海星补充量−长成熟的长棘海星−死亡长棘海星幼体)

INIT COTS_larvae = (1 −initial_fish_stock_values_to_equilibrium) * 250 +initial_fish_stock_values_to_equilibrium * 1889
初始的长棘海星幼体=(1−最初一次鱼达到平衡的储量价值)×250+最初一次鱼达到平衡的储量价值×1889

INFLOWS:
输入公式:

COTS_recruitment =COT_starfish * COTS_spawn_frequency * COTS_spawn_efficiency
长棘海星幼体=长棘海星数量×长棘海星产卵速度×长棘海星产卵效率

106

OUTFLOWS:

输出公式:

COTS_maturing ＝ COTS_larvae/COTS_time_to_grow

长棘海星成熟量＝长棘海星幼体棘冠/长棘海星成长的时间

COTS_larvae_mortality ＝ COTS_larvae ∗ COTS_mortality_fraction

长棘海星幼体死亡量＝长棘海星幼体数×长棘海星死亡的比例

COT_starfish(t) ＝ COT_starfish(t−dt) ＋ (COTS_maturing−COTS_mortality −COTS_re-moval) ∗ dt

长棘海星(t)＝长棘海星(t−dt) ＋(成熟长棘海星量−死亡长棘海星量−长棘海星转移量)× dt

INIT COT_starfish＝(1−initial_fish_stock_values_to_equilibrium) ∗ 1000＋initial_fish_stock_values_to_equilibrium ∗ 4565

初始长棘海星＝(1−最初一次鱼达到平衡的储量价值)×1000＋最初一次鱼达到平衡的储量价值×4565

INFLOWS:

输入公式:

COTS_maturing ＝ COTS_larvae/COTS_time_to_grow

成熟长棘海星＝长棘海星幼体/长棘海星成长时间

OUTFLOWS:

输出公式:

COTS_mortality ＝ COT_starfish/Avg_lifetime_COTS

长棘海星死亡量＝长棘海星数量/长棘海星平均寿命

COTS_removal = Total_COTS_removed_succesfully * COTS_removal_policy_status

长棘海星转移量 = 成功转移的长棘海星总量 * 长棘海星转移政策情况

Parrotfish(t) = Parrotfish(t − dt) + (Parrotfish_maturing − Parrotfish_mortality − Parrotfish_harvesting − Parrotish_migration) * dt

鹦嘴鱼(*t*) = 鹦嘴鱼(*t*−d*t*) + (成熟鹦嘴鱼数量 − 死亡的鹦嘴鱼数量 − 收获的鹦嘴鱼数量 − 鹦嘴鱼的转移数量) ×d*t*

INIT Parrotfish = (1−initial_fish_stock_values_to_equilibrium) * 3000000 + initial_fish_stock_values_to_equilibrium * 5197200

初始鹦嘴鱼 = (1−最初一次鱼达到平衡的储量价值) × 3 000 000 + 最初一次鱼达到平衡的储量价值×5 197 200

INFLOWS:

输入公式:

Parrotfish_maturing = Parrotfish_recruits/Parrotfish_time_to_grow

成熟鹦嘴鱼数量 = 鹦嘴鱼幼体/鹦嘴鱼成长的时间

OUTFLOWS:

输出公式:

Parrotfish_mortality = Parrotfish/Avg_lifetime_parrotfish

鹦嘴鱼死亡数量 = 鹦嘴鱼数量/鹦嘴鱼平均寿命

Parrotfish_harvesting = Population.Total_harvest * Parrotfish_fraction

鹦嘴鱼收获量 = 总收获量×鹦嘴鱼单位分数

Parrotish_migration = Parrotfish_overcrowding/Parrotfish_time_to_migrate

鹦嘴鱼迁移量 = 鹦嘴鱼过度拥挤/鹦嘴鱼迁移时间

Parrotfish_recruits(t) = Parrotfish_recruits(t−dt) + (Parrotfish_recruitment − Parrotfish_maturing − Parrotfish_recruit_mortality) * dt

鹦嘴鱼幼体(*t*) = 鹦嘴鱼幼体(*t*−d*t*) +(鹦嘴鱼幼体总数−鹦嘴鱼幼体成熟量−鹦嘴鱼幼体死亡量)×d*t*

INIT Parrotfish_recruits = (1 − initial_fish_stock_values_to_equilibrium) ∗ 1500000 + initial_fish_stock_values_to_equilibrium ∗ 255051

初始的鹦嘴鱼幼体 = (1−最初一次鱼达到平衡的储量价值)×1 500 000+最初一次鱼达到平衡的储量价值×255 051

INFLOWS:
输入公式:

Parrotfish_recruitment = Parrotfish ∗ Parrotfish_spawn_frequency ∗ Parrotfish_spawn_efficiency
鹦嘴鱼幼体数量 = 鹦嘴鱼数量×鹦嘴鱼产卵速度×鹦嘴鱼产卵效率

OUTFLOWS:
输出公式:

Parrotfish_maturing = Parrotfish_recruits/Parrotfish_time_to_grow
成熟鹦嘴鱼数量 = 鹦嘴鱼幼体数量/鹦嘴鱼幼体成长的时间

Parrotfish_recruit_mortality = Parrotfish_recruits ∗ Parrotfish_recruit_mortality_fraction
鹦嘴鱼幼体死亡数量 = 鹦嘴鱼幼体数量×鹦嘴鱼幼体死亡比例

Snappers(t) = Snappers(t−dt) +(Snapper_maturing − Snapper_harvesting − Snapper_mortality − Snapper_migration) ∗ dt
鲷鱼(*t*) = 鲷鱼(*t*−d*t*) +(成熟鲷鱼数量−鲷鱼收获量−鲷鱼死亡量−鲷鱼迁移量)×d*t*

INIT Snappers = (1 − initial_fish_stock_values_to_equilibrium) ∗ 2000000 + initial_fish_stock_values_to_equilibrium ∗ 4270501
初始鲷鱼 = (1−最初一次鱼达到平衡的储量价值)×2 000 000+最初一次鱼达到平衡的储量价值×4 270 501

INFLOWS:

输入公式：

Snapper_maturing＝snapper_recruits/Snapper_time_to_grow
成熟鲷鱼数量＝鲷鱼幼体数量/鲷鱼成长时间

OUTFLOWS:
输出公式：

Snapper_harvesting ＝ Population.Total_harvest * (1−Parrotfish_fraction)
鲷鱼收获数量＝鲷鱼总收获量×(1−鹦嘴鱼部分分数)

Snapper_mortality ＝ Snappers/Avg_lifetime_snapper
鲷鱼死亡数量＝鲷鱼数量/鲷鱼平均寿命

Snapper_migration ＝ Snapper_overcrowding/Snapper_time_to_migrate
鲷鱼转移量＝鲷鱼过度拥挤/鲷鱼转移时间

Snapper_recruits(t) ＝ Snapper_recruits(t−dt) ＋ (Snapper_recruitment−Snapper_maturing−Snapper_recruit_mortality) * dt
鲷鱼幼体(t)＝鲷鱼幼体(t−dt)＋(鲷鱼幼体总数−鲷鱼幼体成熟量−鲷鱼幼体死亡量)×dt

INIT Snapper_recruits＝(1−initial_fish_stock_values_to_equilibrium) * 1500000+initial_fish_stock_values_to_equilibrium * 824475
初始的鲷鱼幼体＝(1−最初一次鱼达到平衡的储量价值)×1 500 000+最初一次鱼达到平衡的储量价值×824 475

INFLOWS:
输入公式：
Snapper_recruitment ＝Snappers * Snapper_spawn_frequency * Snapper_spawn_efficiency
鲷鱼幼体数量＝鲷鱼数量×鲷鱼产卵速度×鲷鱼产卵效率

OUTFLOWS:
输出公式：

110

Snapper_maturing ＝ Snapper_recruits/Snapper_time_to_grow
成熟鲷鱼数量＝鲷鱼幼体数/鲷鱼成长时间

Snapper_recruit_mortality ＝Snapper_recruits ∗ Snapper_recruit_mortality_fraction
鲷鱼幼体死亡数量＝鲷鱼数量×鲷鱼幼体死亡比例

Active_divers_removing_COTS ＝ 20
现有的多种多样的转移长棘海星＝20

Avg_COTS_removed_per_diver_per_year ＝ 50
每年每种长棘海星的平均转移量＝50

Avg_lifetime_COTS ＝Normal_lifetime_COTS ∗ Effect_of_coral_depletion_on_avg_lifetime_COTS
长棘海星平均寿命＝正常长棘海星的寿命×珊瑚礁退化对长棘海星寿命的影响

Avg_lifetime_parrotfish ＝ 7
鹦嘴鱼平均寿命＝7

Avg_lifetime_snapper ＝ 20
鲷鱼平均寿命＝20

Carrying_capacity_parrotfish ＝ Coral.Coral_reef ∗ Natural_density_parrotfish
鹦嘴鱼的运载能量＝珊瑚.珊瑚礁×鹦嘴鱼自然密度

Carrying_capacity_snapper ＝ Coral.Coral_reef ∗ Natural_density_snapper
鲷鱼运载能量＝珊瑚.珊瑚礁×鲷鱼自然密度

Coral_availability_ratio ＝ MAX(Coral.Established_coral/COT_starfish, 0)
珊瑚礁有效可用比率＝最大值(珊瑚.已经建好_珊瑚礁/长棘海星_海星, 0)

COTS_mortality_fraction ＝ GRAPH(Snappers) (0.00, 0.15), (1e＋006, 0.3), (2e＋006, 0.45), (3e＋006, 0.6), (4e＋006, 0.75), (5e＋006, 0.9)

111

长棘海星死亡单位分数＝图表(鲷鱼)(0.00, 0.15), (1e+006, 0.3), (2e+006, 0.45), (3e+006, 0.6), (4e+006, 0.75), (5e+006, 0.9)

COTS_removal_policy_start_time ＝ 2000
长棘海星转移政策开始时间＝2000

COTS_removal_policy_status＝if(COTS_removal_policy_switch＝1) and(time>COTS_removal_policy_start_time) then(1) else(0)
长棘海星转移政策状况＝if(长棘海星转移政策调控＝1) and.(时间>长棘海星转移方案开始时间) then(1) else(0)

COTS_removal_policy_switch ＝ 0
长棘海星转移政策调控＝0

COTS_spawn_efficiency ＝ 0.5
长棘海星产卵效率＝0.5

COTS_spawn_frequency ＝ 1
长棘海星产卵速度＝1

COTS_time_to_grow＝Normal_COTs_time_to_grow * Effect_of_phytoplankton_availability_on_COTS_time_to_grow
长棘海星成长时间＝正常的长棘海星成长时间×有效的浮游植物对长棘海星成长时间的影响

Effect_of_coral_depletion_on_avg_lifetime_COTS＝GRAPH(Coral_availability_ratio) (0.00, 0.025), (0.2, 1.00), (0.4, 1.00), (0.6, 1.00), (0.8, 1.00), (1.00, 1.00)
珊瑚礁退化对长棘海星平均寿命的影响＝图表(珊瑚有效可用比率)(0.00, 0.025), (0.2, 1.00), (0.4, 1.00), (0.6, 1.00), (0.8, 1.00), (1.00, 1.00)

Effect_of_phytoplankton_availability_on_COTS_time_to_grow＝GRAPH(Algae.DIN_content_coral_reef)(0.00, 1.20), (1.00, 1.00), (2.00, 0.8), (3.00, 0.6), (4.00, 0.4), (5.00, 0.2)
有效的浮游植物对长棘海星成长时间的影响＝图表(藻类.珊瑚礁含氮量)(0.00, 1.20),

（1.00, 1.00），（2.00, 0.8），（3.00, 0.6），（4.00, 0.4），（5.00, 0.2）

initial_fish_stock_values_to_equilibrium ＝ 0
最初鱼达到平衡的能量储量价值＝0

Natural_density_parrotfish ＝ 10000
鹦嘴鱼自然密度＝10 000

Natural_density_snapper ＝ 8000
鲷鱼自然密度＝8000

Normal_COTs_time_to_grow ＝ 2
正常长棘海星成长时间＝2

Normal_lifetime_COTS ＝ 15
正常长棘海星寿命＝15

Parrotfish_fraction ＝ 0.5
鹦嘴鱼单位分数＝0.5

Parrotfish_overcrowding ＝ MAX(0, Parrotfish−Carrying_capacity_parrotfish)
鹦嘴鱼过度拥挤＝最大值(0,鹦嘴鱼−鹦嘴鱼运载的能量)

Parrotfish_recruit_mortality_fraction ＝ GRAPH(Coral.Coral_reef)(0.00, 0.9)，（200, 0.85），（400, 0.8），（600, 0.75），（800, 0.7），（1000, 0.65）
鹦嘴鱼幼体死亡的单位分数＝图表(珊瑚.珊瑚礁)(0.00, 0.9)，（200, 0.85），（400, 0.8），（600, 0.75），（800, 0.7），（1000, 0.65）

Parrotfish_spawn_efficiency ＝ GRAPH(Coral.Established_coral)(0.00, 0.1)，（200, 0.2），（400, 0.3），（600, 0.4），（800, 0.5），（1000, 0.6）
鹦嘴鱼产卵效率 ＝ 图表(珊瑚.已建立的珊瑚)(0.00, 0.1)，（200, 0.2），（400, 0.3），（600, 0.4），（800, 0.5），（1000, 0.6）

Parrotfish_spawn_frequency = 2
鹦嘴鱼产卵速度=2

Parrotfish_time_to_grow = 3
鹦嘴鱼成长时间=3

Parrotfish_time_to_migrate = 1
鹦嘴鱼迁移时间=1

Removal_succes_rate = 0.5
转移成功率=0.5

Snapper_overcrowding = MAX(0, Snappers−Carrying_capacity_snapper)
鲷鱼过度拥挤=最大值(0,鲷鱼−鲷鱼运载的物质能量)

Snapper_recruit_mortality_fraction = GRAPH(Coral.Coral_reef) (0.00, 0.9), (200, 0.85),
(400, 0.8), (600, 0.75), (800, 0.7), (1000, 0.65)
鲷鱼幼体死亡单位分数=图表(珊瑚.珊瑚礁)(0.00, 0.9), (200, 0.85), (400, 0.8),
(600, 0.75), (800, 0.7), (1000, 0.65)

Snapper_spawn_efficiency = GRAPH(Coral.Established_coral) (0.00, 0.02), (200, 0.08),
(400, 0.14), (600, 0.2), (800, 0.26), (1000, 0.32)
鲷鱼产卵速率=图表(珊瑚.已建立的珊瑚)(0.00, 0.02), (200, 0.08), (400, 0.14),
(600, 0.2), (800, 0.26), (1000, 0.32)

Snapper_spawn_frequency = 2
鲷鱼产卵速度=2

Snapper_time_to_grow = 2
鲷鱼成长时间=2

Snapper_time_to_migrate = 1
鲷鱼迁移时间=1

Total_COTS_removed_succesfully = Active_divers_removing_COTS * Avg_COTS_removed_per_diver_per_year * Removal_succ

总长棘海星转移成功率=尚在活动的不同种类的长棘海星的转移×平均每种长棘海星每年的转移×转移成功率

Total_fish = Snappers+Parrotfish

鱼类总量=鲷鱼数量+鹦嘴鱼数量

Population:

人口:

Tourist_boats(t) = Tourist_boats(t−dt) + (Going_tourism) * dt

观光游船(*t*)=观光游船(*t*−d*t*) +(现在的旅游业)×d*t*

INIT Tourist_boats = 0

初始的观光游船=0

INFLOWS:

输入公式:

Going_tourism = (Tourism. Demand _ for _ tourist _ boats − Tourist _ boats) / Time _ to _ switch _ to_tourism

现在的旅游业=(旅游业对观光游船的需求−观光游船量)/转换旅游业的时间

Fish_boats(t) = Fish_boats(t−dt) + (New_fish_boats−Going_tourism) * dt

渔船(*t*)=渔船(*t*−d*t*) +(新渔船−现在的旅游业)×d*t*

INIT Fish_boats = 0

初始的渔船=0

INFLOWS:

输入公式:

New_fish_boats = discrepancy_boats/Time_to_built_boat

新渔船＝缺少的船只/造船时间

OUTFLOWS:

输出公式:

Going_tourism = (Tourism. Demand _ for _ tourist _ boats − Tourist _ boats) /Time _ to _ switch _ to _ tourism

现在的_旅游业＝(旅游业对观光游船的需求−观光游船)/转换旅游业的时间

Pop_0: 14(t) = Pop_0: 14(t−dt) + (Births−Maturing−Deaths_0: 14) ∗ dt

0~14 岁的人口 = 0~14 岁的人口 *(t−*dt) + (出生−成熟 −0~14 岁的死亡数)×d*t*

初始的 0~14 岁的人口＝1000

INFLOWS:

输入公式:

Births = Fertile_women ∗ Annual_fertility_rate

出生数＝可生育的女性人数×每年的生育率

OUTFLOWS:

输出公式:

Maturing = Pop_0: 14/Time_to_mature

成年数＝0~14 岁的人口/生长到成年的时间

Deaths_0: 14 = 0~14 岁的人口 ∗ Death_fraction_0: 14

0~14 岁的死亡数 = 0~14 岁的人口×0~14 岁死亡比例

Pop_15: 64(t) = Pop_15: 64(t−dt) + (Maturing + Immigration−Aging −Deaths_15: 64) ∗ dt

15~64 岁的人口 = 15~64 岁的人口 + (成年 + 移民− 老年 −15~64 岁的死亡数)×d*t*

INIT Pop_15: 64 = 1000
初始的 15~64 岁的人口 ＝ 1000

INFLOWS:
输入公式:

Maturing ＝ Pop_0: 14/Time_to_mature
成年人数 ＝ 0~14 岁的人口/长大成人的时间

Immigration ＝ Shortage_of_tourist_operators/Time_to_immigrate
移民数 ＝ 旅游业经营者的短缺/移民的时间

OUTFLOWS:
输出公式:

Aging ＝ Pop_15: 64/Time_to_age
老年 ＝ 15~64 岁的人口/变老的时间

Deaths_15: 64 ＝ Pop_15: 64 * Death_fraction_15: 64
15~64 岁的死亡数 ＝ 15~64 岁的人口×15~64 岁的死亡比例

Pop_65plus(t) ＝ Pop_65plus(t−dt) ＋ (Aging−Deaths_65plus) * dt
65 岁以上人口 ＝ 65 岁以上人口(t−dt) ＋ (老龄− 死亡数 65 岁以上人口)×dt

INIT Pop_65 plus = 250
初始的 65 岁以上人口 ＝ 250

INFLOWS:
输入公式:

Aging ＝ Pop_15: 64/Time_to_age
老年 ＝ 15~64 岁的人口/变老的时间

OUTFLOWS:

输出公式:

Deaths_65plus = Pop_65plus/Life_expectancy_at_65

死亡数_65岁以上人口 = 人口_65岁以上人口/生存_期望_at_65

Anchoring_damage_per_boat = 0.015

平均每艘船抛锚(对珊瑚礁的)损害=0.015

Annual_fertility_rate = Total_fertility_rate/Fertile_years

平均每年的生育率=总生育率/生育的年份

Average_fish_catch = GRAPH(Fish.Total_fish) (0.00, 0.00), (200000, 5200), (400000, 7800), (600000, 10400), (800000, 13000), (1e+006, 15600)

平均捕鱼(量) = 图表(鱼类.总捕鱼量)(0.00, 0.00), (200 000, 5200), (400 000, 7800), (600 000, 10 400), (800 000, 13 000), (1e+006, 15 600)

Average_fish_catch_with_MPA_policy = GRAPH(Total_fish_available_for_fisherman) (0.00, 0.00), (200000, 5200), (400000, 7800), (600000, 10400), (800000, 13000), (1e+006, 15600)

MPA政策下的捕鱼量 = 图表(渔民的有效捕鱼量)(0.00, 0.00), (200 000, 5200), (400 000, 7800), (600 000, 10 400), (800 000, 13 000), (1e+006, 15 600)

Average_sewage_output = 730

平均排污量=730

Bioerosion_from_boat_anchoring=(Fish_boats+Tourist_boats) * Anchoring_damage_per_boat * (1−Sustainable_buoys_policy_status)

船只抛锚的生物损害量=(渔船数量+观光游船数量)×每艘船抛锚(对珊瑚礁)的损害×(1−可持续的方案状况)

Death_fraction_0: 14 = 0.001

118

0~14 岁死亡比例 = 0.001

Death_fraction_15:64 = 0.002
15~64 岁死亡的比例 = 0.002

Demand_for_fish = (Total_population * Fish_eaten_per_local_person) +(Tourism. Tourists * Fish_eaten_per_tourist)
对鱼的需求量=(总人口×每一位当地人的吃鱼量) +(旅游业.旅游者人数 * 每位旅游者的吃鱼量)

Demand_for_fish_boats =Total_number_of_fishermen/Number_of_people_per_boat
对渔船的需求量=渔民的人数/每艘渔船上的渔民数

discrepancy_boats = MAX(0, Demand_for_fish_boats−Fish_boats)
缺少的船只=最大值(0,渔船的需求量−渔船量)

Fertile_female_fraction_of_15:64 = 0.45
15~64 岁可育女性比例 = 0.45

Fertile_women = Pop_15:64 * Fertile_female_fraction_of_15:64
可生育的女性人数=15~64 岁的人口×15~64 岁可育女性比例

Fertile_years = 35
可生育年龄=35

Fish_eaten_per_local_person = 90
每位当地人的吃鱼量=90

Fish_eaten_per_tourist = 0.5
每位游客的吃鱼量=0.5

Fraction_of_men_becoming_enforcer =IF(MPA_enforcement_policy_status = 1) THEN(0.1) ELSE(0)

成为执行者的男性比例＝IF(MPA_政策的执行状况＝1) THEN(0.1) ELSE(0)

Fraction_of_men_becoming_fishermen＝0.30−Fraction_of_men_becoming_enforcer−Fraction_of_men_becoming_homestay_owner

成为渔民的男性比例＝0.30−成为执行者的男性比例−成为寄宿家庭主人的男性比例

Fraction_of_men_becoming_homestay_owner＝IF(Tourism.Homestay_policy_status＝1) THEN (0.2) ELSE(0)

成为寄宿家庭主人的男性比例＝IF(旅游业.寄宿家庭_政策状况＝1) THEN(0.2) ELSE(0)

Life_expectancy_at_65 ＝ 7

预期寿命 65 岁 ＝ 7

Male_fraction_of_15:64 ＝ 0.5

15~64 岁的男性比例 ＝ 0.5

MPA_Compliance_rate ＝ IF(MPA_enforcement_policy_status＝1) THEN(1) ELSE(0.6)

海洋保护区 MPA 政策执行率 ＝ IF(MPA_政策执行状况＝1) THEN(1) ELSE(0.6)

MPA_enforcement_policy_start_time ＝ 2000

MPA 政策开始执行时间＝2000

MPA_enforcement_policy_status＝if(MPA_enforcement_policy_switch＝1) and(time>MPA_enforcement_policy_start_time)

MPA 政策执行状况＝if(MPA 执行政策调控＝1) and(时间>MPA 政策执行开始时间)

MPA_enforcement_policy_switch ＝ 0

MPA 政策调控＝0

MPA_policy_status ＝if(MPA_policy_switch＝1) and(time>MPA_policy_start_time) then(1) else(0)

MPA 政策状况＝if(MPA 政策调控＝1) and(时间>MPA 政策开始时间) then(1) else(0)

MPA_policy_switch ＝ 0
MPA 政策调控＝0

MPA_policy_start_time ＝ 2000
MPA 政策开始时间＝2000

Net_fish_exports ＝ Total_harvest−Demand_for_fish
鱼的净出口量＝总收获量−对鱼的需求量

Number_of_people_per_boat ＝ 15
每艘船上的人数＝15

Sewage_output_population ＝ Total＿population ＊ Average＿sewage＿output ＊ (1−Share_of_sewage_which_is_treated)
污水排放污染＝总污染量×平均污水排出量×(1−处理好的污水比例)

Sewage_treatment_policy_start_time ＝ 2000
污水处理政策开始的时间＝2000

Sewage_treatment_policy_status ＝ if(Sewage_treatment_policy_switch ＝ 1) and(time＞Sewage_treatment_policy_start_time)
污水处理政策状况＝if(污水处理政策_开关＝1) and(时间＞污水处理政策开始时间)

Sewage_treatment_policy_switch ＝ 0
污水处理政策调控＝0

Share_of_coral_reef_protected_by_MPA ＝ IF(MPA_enforcement_policy_status ＝ 1) THEN(1) ELSE(0.1)
通过 MPA 被保护的珊瑚礁的部分＝IF(MPA 政策执行状况＝1) THEN(1) ELSE(0.1)

Share_of_sewage_which_is_treated ＝ IF(Sewage_treatment_policy_status ＝ 1) THEN(0.95) ELSE(0.1)
被处理的污水的份额＝IF(污水处理政策状况＝1) THEN(0.95) ELSE(0.1)

Shortage_of_tourist_operators = (Tourism.Demand_for_tourist_boats−Tourist_boats) ∗ Tourist_operators_per_tourist_boats

旅游经营者的短缺=(旅游业对观光游船的需求−观光游船数量)×每艘船的旅游经营者人数

Sustainable_buoys_policy_start_time = 2000

可持续性的浮标方案开始时间=2000

Sustainable_buoys_policy_status = if (Sustainable_buoys_policy_switch = 1) and (time > Sustainable_buoys_policy_start_time

可持续性的浮标方案状况=if(可持续性的浮标方案开关=1) and(时间>可持续性的浮标方案开始时间)

Sustainable_buoys_policy_switch = 0

可持续性的浮标政策调控=0

Time_to_age = 50

衰老时间=50

Time_to_built_boat = 1

渔船建造时间=1

Time_to_immigrate = 1

移民时间=1

Time_to_mature = 15

成熟时间=15

Time_to_switch_to_tourism = 0.5

转向旅游业的时间=0.5

Total_fertility_rate = GRAPH(TIME) (1980, 5.10), (1986, 4.40), (1992, 4.00), (1998,

3.70)，（2004, 3.50），（2010, 3.30)

总生育率 = 图表(时间) (1980, 5.10)，（1986, 4.40)，（1992, 4.00)，（1998, 3.70)，
（2004, 3.50)，（2010, 3.30)

Total_fish_available_for_fisherman = (1 − Share_of_coral_reef_protected_by_MPA) ∗ Fish.
Total_fish ∗ MPA_Compliance_rate
可供渔民捕捞的鱼的总量 = (1−通过 MPA 被保护的珊瑚礁的份额)×鱼的总量鱼×MPA 方案服从率

Total_harvest = IF(MPA_policy_status = 1) THEN(Fish_boats ∗ Average_fish_catch_with_
MPA_policy) ELSE(Fish_boats ∗ Average_fish_catch)
总收获量 = IF(MPA 政策 = 1) THEN(渔船×MPA 政策下的平均捕鱼量) ELSE(渔船×平均捕鱼量)

Total_number_of_fishermen = Pop_15: 64 ∗ Male_fraction_of_15: 64 ∗ Fraction_of_men_
becoming_fishermen
渔民的总数量 = 15~64 岁的人口×15~64 岁的男性人口×变成渔民的男性比例

Total_population = Pop_0: 14+Pop_15: 64+Pop_65plus
总人口量 = 0~14 岁的人口+15~64 岁的人口+65 岁以上人口

Tourist_operators_per_tourist_boats = 4
每艘船的旅游经营者 = 4

Tourism:
旅游业:

Potential_new_tourists(t) = Potential_new_tourists(t − dt) + (Destination_diffusion_rate −
Tourists_arriving − Forgetting_destination) ∗ dt
潜在新游客(t) = 潜在新游客(t − dt) +(目的地扩散率 − 到达的游客 − 忘记目的地的游客)× dt

INIT Potential_new_tourists = 0

初始的潜在新游客=0

INFLOWS:
输入公式:

Destination_diffusion_rate = Prior_Tourists * Contact_rate * Adoption_rate
目的地扩散率=优先到达的观光客×接触率×采用率

OUTFLOWS:
输出公式:

Tourists_arriving=IF(Homestay_policy_status=1) THEN MIN((Potential_new_tourists/Time_to_organize_homestay) Capacity_for_new_tourists_with_homestay_policy))
ELSE(MIN((Potential_new_tourists/Time_to_organize_holiday) , Capacity_for_new_tourism))
Forgetting_destination
游客到达=IF((寄宿制政策状况=1) THEN(最小值((潜在) 新观光客/组织民居住宿的时间) 寄宿制下的新游客容量)) ELSE(最小值((潜在新观光客/组织假期) , 新游客的容量)

Forgetting_destination =Potential_new_tourists/Time_to_forget_destination
忘记目的地的游客=潜在新游客/忘记目的地的时间

Prior_Tourists(t) = Prior_Tourists(t−dt) + (Tourists_leaving −Forgetting_experience) * dt
优先到达的游客(t) =优先到达的游客(t−dt) +(离开的游客−忘记了经历的游客) ×dt

INIT Prior_Tourists = 0
初始的优先到达的观光客=0

INFLOWS:
输入公式:

Tourists_leaving = Tourists/Avg_time_spent_on_destination
离开的游客=游客量/游客在目的地的游览时间

OUTFLOWS:

输出公式:

Forgetting_experience ＝ Prior_Tourists/Time_to_share_experience

忘记游览经历＝先到达的观光客/分享经验的时间

Tourists(t) ＝ Tourists(t−dt) ＋(Tourists_arriving−Tourists_leaving) ＊ dt

游客*(t)* ＝游客*(t-*d*t)* ＋(到达的游客−离开的游客)×d*t*

INIT Tourists ＝ 10

初始的游客＝10

INFLOWS:

输入公式:

Tourists_arriving＝IF(Homestay_policy_status＝1) THEN(MIN((Potential_new_tourists/Time_to＿organize＿holiday) ，capacity＿for＿new＿tourists＿with＿homestay＿policy)) ELSE (MIN ((Potential_new_tourists/Time_to_organize_holiday) ，Capacity_for_new_tourists))

到达的游客＝IF(寄宿制政策状况＝1) THEN(最小值(潜在的新游客/组织民居住宿的时间寄宿制下的新游客容量) ELSE(最小值((潜在的新游客/组织度假的时间) ，新游客的容量))

OUTFLOWS:

输出公式:

Tourists_leaving ＝ Tourists/Avg_time_spent_on_destination

离开的游客＝游客/在目的地花费的平均时间

Tourist_resorts(t) ＝ Tourist_resorts(t−dt) ＋(Resort_building −Resort_demolition) ＊ dt

旅游度假村*(t)* ＝旅游度假村*(t-*d*t)* ＋(度假村建设−度假村拆迁)×d*t*

INIT Tourist_resorts ＝ 4

初始度假村＝4

INFLOWS:

输入公式:

Resort_building ＝ New_resorts_planned/Time_to_built_resort

度假村建立＝新的度假村建设计划/建立度假村的时间

OUTFLOWS:

输出公式:

Resort_demolition ＝ Tourist_resorts/Avg_lifetime_accommodation

度假村拆除＝观光度假村/平均预定时间

Adoption_rate ＝ 0.05

政策通过率＝0.05

Available_homes_for_homestay ＝ Total_households * Share_of_local_households_with_homestay

可获得的寄宿家庭＝总住房量×可提供住宿的住房比例

Average_people_per_household ＝ 7

每户平均人数＝7

Average_tourists_per_homestay ＝ 2

每户住宿民居的游客量＝2

Avg_lifetime_accommodation ＝ 30

平均住宿时间＝30

Avg_time_spent_on_destination ＝ 0.04

在目的地花费的平均时间＝0.04

Avg_tourists_per_resort ＝ 50

每个度假村的平均游客量 = 50

Bioerosion_from_snorkeling_activity = Demand_for_island_hopping * Coral_reef_damage_per_tourist * Share_of_people_going_into_the_water * share_of_people_causing_damage

潜水活动对珊瑚礁造成的伤害 = 跳岛活动需求×每位游客对珊瑚礁的损害×下水人数×造成破坏人数

Capacity_for_new_tourists = (Tourist_resorts * Avg_tourists_per_resort) / Avg_time_spent_on_destination

新游客的容量 = (旅游度假村×平均每个度假村的游客量) / 平均游览目的地的时间

Capacity_for_new_tourists_with_homestay_policy = (Available_homes_for_homestay * Average_tourists_per_homestay) / Avg_time_spent_on_destination

在寄宿制政策下的新游客容量 = (可作为寄宿制的房屋量×平均每户寄宿制的游客量) / 平均游览目的地的时间

Contact_rate = GRAPH(TIME)

Contact_rate(关联率) = 图表(时间)

(1950，20.0)，(1963，20.0)，(1975，20.0)，(1988，20.0)，(2000，20.0)，(2013，40.0)，(2025，40.0)，(2038，40.0)，(2050，40.0)

Coral_reef_damage_per_tourist = 0.003

平均每位游客对珊瑚礁的破坏 = 0.003

Demand_for_island_hopping = Tourists * Share_of_tourists_doing_island_hopping

跳岛活动对珊瑚礁的损害 = 游客×跳岛游客的比例

Demand_for_resorts = (Tourists * (1+Expected_tourism_growth_rate)) / Avg_tourists_per_resort

度假村的需求 = [游客×(1+游客增长比率预测)] / 平均每个度假村的游客

Demand_for_tourist_boats = Demand_for_island_hopping / Number_of_tourists_per_boat

观光游船的需求量 = 跳岛活动的需求量 / 每艘船上的观光人数

Expected_tourism_growth_rate ＝ 0.2
旅游期望增长率＝0.2

Glass_ceiling_policy_start_time ＝ 2000
玻璃观光天花板政策开始时间＝2000

Glass_ceiling_policy_status ＝ if(Glass_ceiling_policy_switch ＝ 1) and(time ＞ Glass_ceiling_policy_start_time) then(1) else(0)
玻璃观光天花板政策状况＝if(玻璃观光天花板政策调控＝1) and(时间＞玻璃观光天花板政策开始时间) then(1) else(0)

Glass_ceiling_policy_switch ＝ 0
玻璃观光天花板政策调控＝0

Homestay_policy_start_time ＝ 1970
民宿政策开始时间

Homestay_policy_status ＝ if(homestay_policy_switch ＝ 1) and(time ＞ Homestay_policy_start_time) then(1) else(0)
民宿政策状况＝if(寄宿制政策调控＝1) and(时间＞寄宿制政策开始时间) then(1) else(0)

Homestay_policy_switch ＝ 0
寄宿制政策调控＝0

Maximum_number_of_resorts ＝ 3200
度假村的最大数量＝3200

New_resorts_planned ＝ MIN(Demand_for_resorts, Maximum_number_of_resorts) －Tourist_resorts
规划的新度假村＝最小值(度假村的需求数量, 度假村的最大数量) －度假村数量

Number_of_tourists_per_boat ＝ 20
每艘船的游客数量＝20

Sediment _ from _ land _ development = (Resort _ building + Resort _ demolition) ＊ Sediment _ produced_per_new_resort ＊ (1−Silt_screen_policy_status)

来自土地开发的沉积物 = (度假村建设 + 度假村拆迁) × 每个新度假村产生的沉积物 × (1−淤泥屏政策状况)

Sediment_produced_per_new_resort ＝ 0.05
每个新度假村产生的沉积物 = 0.05

Sewage_output_tourists = Tourists ＊ Population. Average_sewage_output ＊ (1−Share_of_resorts_ with_sewage_treatment)

游客活动产生的污水 = 游客数量 × 平均人口的污水排放量 × (1−实行污水处理的度假村的比例)

Share_of_local_households_with_homestay ＝ 0.5
提供住宿的住户比例 = 0.5

Share_of_people _ causing _ damage ＝ IF(Glass _ ceiling _ policy _ status = 1) THEN(0.02) ELSE(0.2)

人居活动造成的损害 = IF(玻璃观光天花板政策状况 = 1) THEN(0.02) ELSE(0.2)

Share_of_people _ going _ into_the_water ＝ IF(Glass_ceiling_policy_status = 1) THEN(0.1) ELSE(1)

人们在水里活动量比例 = IF(玻璃观光天花板政策状况 = 1) THEN(0.1) ELSE(1)

Share_of_resorts_with_sewage_treatment = IF(Population. Sewage_treatment_policy_status = 1) THEN(1) ELSE(0.4)

污水处理的度假村比例 = IF(生活污水处理政策状况 = 1) THEN(1) ELSE(0.4)

Share_of_tourists_doing_island_hopping ＝ 0.2
跳岛游客比例 = 0.2

Silt_screen_policy_start_time ＝ 2000

淤泥屏政策开始时间 = 2000

Silt_screen_policy_status = if(Silt_screen_policy_switch = 1) and(time>Silt_screen_policy_start_time) then(1) else(0)

淤泥屏政策状况 = if(淤泥屏政策调控 = 1) and(时间>淤泥屏方案开始时间) then（1）else(0)

Silt_screen_policy_switch = 0

淤泥屏政策调控 = 0

Time_to_built_resort = 1

度假村的建立时间 = 1

Time_to_forget_destination = 5

遗忘目的地的时间 = 5

Time_to_organize_holiday = 1

组织度假的时间 = 1

Time_to_share_experience = 3

分享旅游经历的时间 = 3

Total_households = Population.Total_population/Average_people_per_household

总住户量 = 人口总量/平均每户人家的人数

Notes[←1] ' In an ecosystem, the symbiotic and synergistic relationships minimize energy loss and optimizeresource use, providing abundance for each species' needs'(Rifkin, 2014, p.186)

注释: 在一个生态系统中, 共生和协同的关系最小化了能量损失并优化资源利用, 为每个物种的需求提供了充足的资源(Rifkin, 2014, 第 186 页)